AF876569

MANUAL DEL OPERADOR DE CARRETILLAS ELEVADORAS

2ª EDICIÓN

VICENTE CÁMARA FÉRREZ

MANUAL DEL OPERADOR DE CARRETILLAS ELEVADORAS. 2ª EDICIÓN

Autor: Vicente Cámara Férrez

Edita:
© FUNDACIÓN CONFEMETAL
Príncipe de Vergara, 74 – 28006 Madrid
Tel.: 91 782 36 30. Fax: 91 563 17 41
editorial@fundacionconfemetal.es
www.fundacionconfemetal.com

ISBN: 978-84-940215-2-7

Depósito Legal: M-18984-2012

Maquetación e Impresión:
GRÁFICAS MARCAR, S.A.
Ulises, 95 - 28043 Madrid

Impreso en España – *Printed in Spain*

QUEDA PROHIBIDA TODA REPRODUCCIÓN TOTAL O PARCIAL DE LA OBRA POR CUALQUIER MEDIO O PROCEDIMIENTO SIN AUTORIZACIÓN PREVIA.

ÍNDICE

CAPÍTULO 1

MANUAL DEL OPERADOR
LECCIONES TEÓRICAS

1.1. LA ESTABILIDAD

La estabilidad de cualquier carretilla elevadora depende del reparto de las masas que la misma debe soportar. Para que cualquier cuerpo mantenga un equilibrio estable, es necesario que la proyección de su baricentro o centro de gravedad esté siempre dentro de los límites de su plano de apoyo, si éste, por cualquier circunstancia, saliera de esos límites, el objeto en cuestión modificaría su posición hasta encontrar otro nuevo plano de apoyo que cumpliese con la norma indicada.

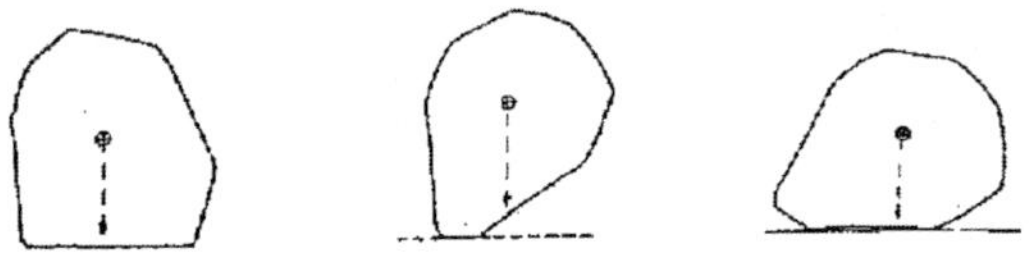

Esto supondría, en el caso de las carretillas elevadoras, el vuelco frontal o transversal, con las consecuencias que de ello pueden deducirse.

Este concepto de estabilidad es denominado de *estabilidad estática* bien sea frontal o transversal, pero hay otro concepto de estabilidad llamado *estabilidad dinámica*, en el que, aparte de los factores anteriores, intervienen también las fuerzas aplicadas sobre el objeto para procurarle movimiento.

Cuando la carretilla inicia la marcha, modifica su dirección o se detiene, su inercia impulsa al baricentro hacia fuera del plano de sustentación y, si el impulso es muy fuerte o la distancia del baricentro al borde de dicho plano es grande, la carretilla puede volcar.

Por su complejidad, no estudiaremos en este manual los cálculos de estabilidad dinámica; nos centraremos exclusivamente en los cálculos de la estabilidad estática, en los que la única fuerza que interviene es la gravedad.

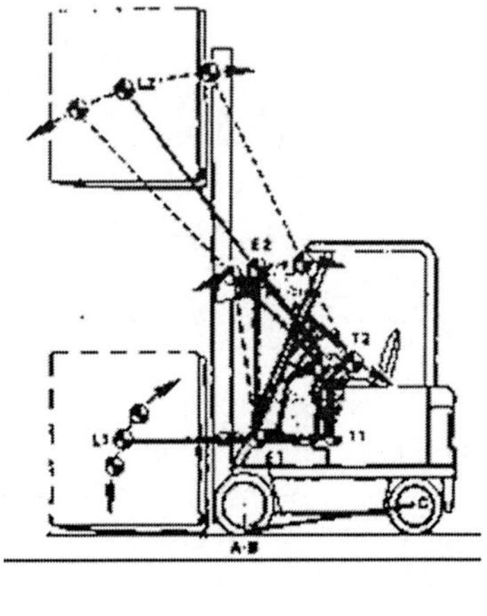

No obstante, y por las razones ya expuestas, deberemos tener siempre en cuenta:

a) El centro de gravedad de máquina más la carga deberá estar lo más cerca posible de la base de estabilidad, es decir, la carga cuando la carretilla está en movimiento deberá estar situada lo más abajo posible.

b) Las aceleraciones, curvas y deceleraciones se harán con el máximo de atención, en especial cuando la carretilla está cargada.

c) En las rampas o en zonas donde la carretilla se incline longitudinal o transversalmente se extremarán las precauciones.

1.1.1. Estabilidad longitudinal o frontal

Todas las carretillas obedecen la ley de la palanca. Las transpaletas, apiladores y algunos selectores de pedido llevan la potencia (carga) entre la resistencia y el punto de apoyo (eje delantero) entre la resistencia (contrapeso) y la potencia (carga). Las de carga lateral y retráctiles están en el primer caso cuando llevan el mástil retractado y en el segundo cuando tienen el mástil extendido.

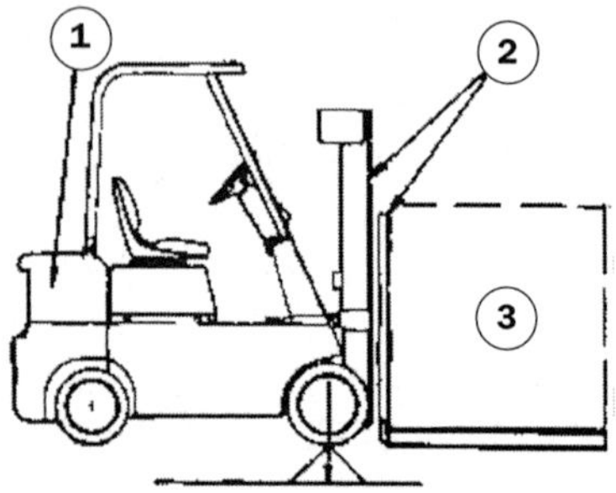

Para el caso de las transpaletas, apiladores, etc., no existe ningún problema de cálculo de capacidad residual, puesto que cualquier modificación en los modelos estándares lleva consigo su propia modificación en cuanto a su capacidad de carga, por lo que estudiaremos solamente el caso de las carretillas de contrapeso. Antes de entrar en el cálculo de la capacidad residual por modificación del centro de gravedad de la carga veremos el significado de algunos términos.

1.1.1.1. Capacidad nominal

Es la máxima capacidad de carga que el fabricante ofrece para cada uno de sus modelos en su configuración estándar teniendo en cuenta los siguientes factores: coeficiente de seguridad, máximas prestaciones, resitencia mecánica y óptimo rendimiento.

1.1.1.2. Capacidad residual

Cualquier cambio que introduzcamos en la configuración estándar nos podrá modificar la capacidad de carga. Una vez efectuados los cálculos oportunos, la nueva capacidad de la carretilla se denominará *capacidad residual;* por lo tanto, todas las carretillas elevadoras tendrán siempre dos capacidades de carga: la **nominal,** que es siempre invariable y que es definida en fábrica según su construcción y la resistencia de su estructura, y la **residual,** que siempre será igual o menor que la nominal y que variará según la modificación que hayamos introducido sobre el modelo original.

1.1.1.3. Centro de gravedad o baricentro

Es un punto imaginario desde el que, si pudiéramos suspender un cuerpo, en cualquier posición que lo situáramos permanecería en equilibrio estable. El **baricentro** es el punto donde la fuerza de la gravedad actúa con mayor intensidad y a efectos de cálculo es como si todo el peso del cuerpo estuviera concentrado en ese punto. Su abreviatura es c. d. g.

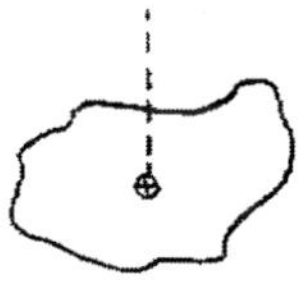

1.1.1.4. Momento de vuelco

Cuando aplicamos una fuerza a un objeto al que podemos desplazar, el objeto tiende a girar sobre el punto que opone resistencia al movimiento. La fuerza de este giro depende del ángulo de aplicación de la fuerza y de su distancia al punto de resistencia. El producto de la fuerza en kilogramos por la distancia en centímetros, se denomina **momento** y se mide en cm x kg (centímetros/kilo).

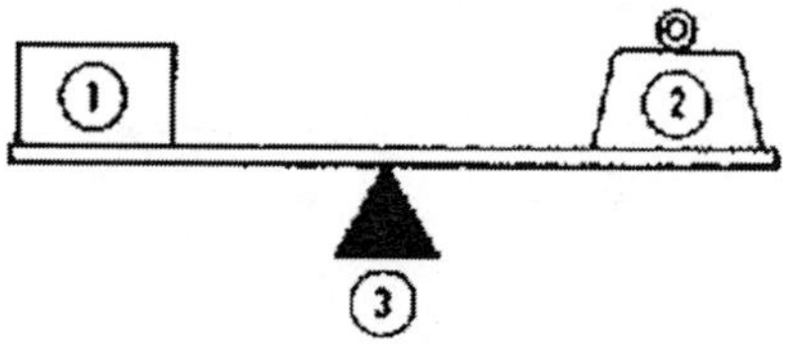

El momento de vuelco es el momento necesario para desestabilizar y volcar una carretilla elevadora.

1.1.1.5. Distancia (X)

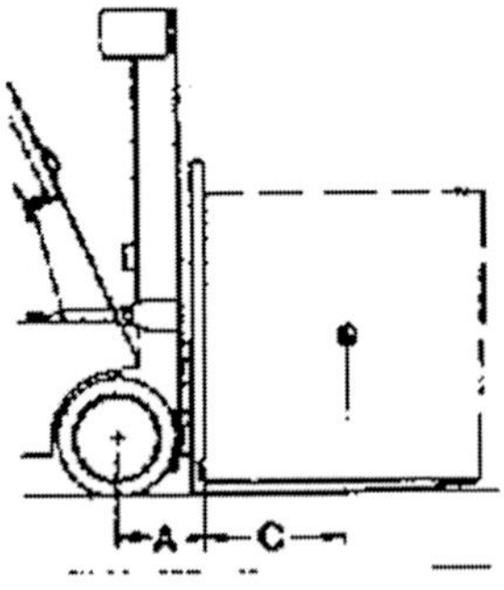

Una carretilla contrapesada es como una palanca que tiene el punto de apoyo o fulcro en el centro del eje delantero. Como la carga no puede situarse a continuación del fulcro, hay un espacio entre éste y el comienzo de la carga que se denomina distancia (A) o distancia (X). Es decir, es la longitud medida entre el centro del eje delantero y el talón de la horquilla. Esta distancia es fija para cada modelo.

1.1.1.6. Momento nominal

El momento de vuelco nos indica la carga admisible para que el eje trasero se sitúe en equilibrio, es decir comience a levantar del suelo.

Una carretilla no podrá trabajar en estas condiciones. Para ello la fábrica suministra el momento nominal, que es el momento de vuelco, pero introduciendo una reducción como factor de seguridad.

Éste es el cálculo por el constructor teniendo en cuenta todos los aspectos estáticos y dinámicos que intervendrán en el normal uso de la máquina durante su vida útil.

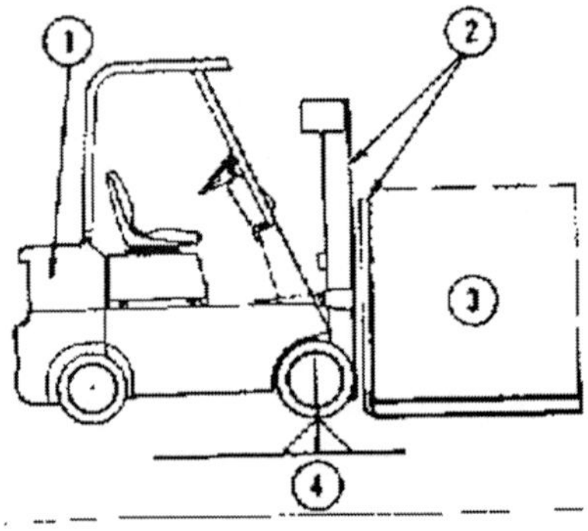

1.1.1.7. Cálculo de la capacidad residual por desplazamiento del c. d. g.

Mediante los catálogos técnicos podemos conocer la distancia (X) o distancia desde el eje delantero al talón de la horquilla. También podemos conocer por los catálogos el momento nominal. Si no fuera así, lo calcularíamos de la siguiente forma:

Momento Nominal = Capacidad de Carga x (C. D. G. Carga + Distancia X)

Una vez conocido el momento nominal, dividiríamos éste por la suma de la distancia (X) y del nuevo centro de gravedad.

$$\textbf{Capacidad Residual} = \frac{\text{Momento Nominal}}{\text{Nuevo C. D. G.} + \text{Distancia (X)}}$$

Si lo que necesitamos saber es hasta qué distancia podemos desplazar la carga, dividiremos el momento nominal por el peso y a este resultado le restaremos la distancia (X). Es decir:

$$\textbf{C. D. G.} = \frac{\text{Momento Nominal}}{\text{Peso}} - \text{Distancia (X)}$$

1.1.1.8. Cálculo de la capacidad residual por la colocación de un implemento mecánico o hidráulico

Cuando colocamos un implemento mecánico o hidráulico para manejar las cargas sustituyendo a las horquillas, también modificamos su capacidad residual. En primer lugar, el accesorio tiene una masa determinada, lo que ya le resta una parte de capacidad y, en segundo lugar, el implemento, al estar colocado en sustitución de las horquillas, nos aleja la unidad de carga del fulcro que constituye el eje delantero al considerar la carretilla como una palanca.

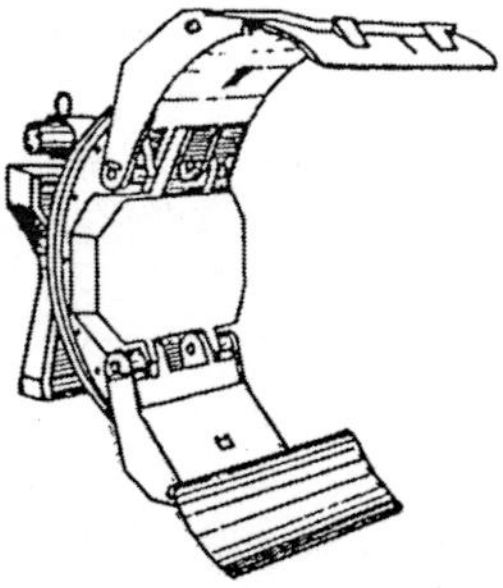

Este aumento de la distancia al eje delantero, como la masa del accesorio y su propio centro de gravedad, son datos que nos debe suministrar el fabricante del elemento mecánico o hidráulico.

Para hacer el cálculo se procede primero a averiguar el momento residual de la carretilla con implemento. DIcho momento se obtiene de restarle al momento nominal de la carretilla el momento del accesorio.

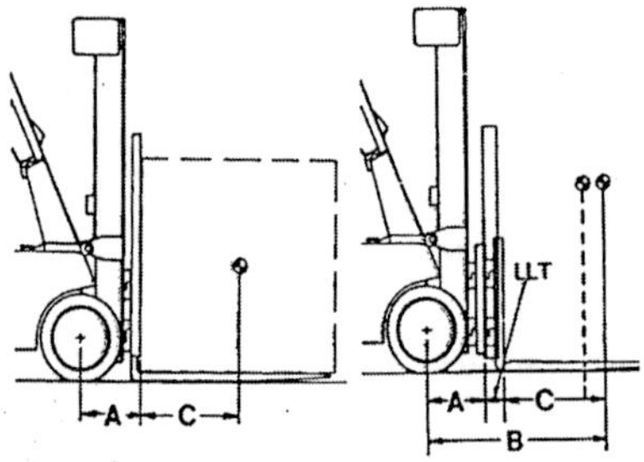

Momento Accesorio = Masa Accesorio x (C. D. G. Accesorio + Distancia X)
Momento Residual = Momento Carretilla – Momento Accesorio

Una vez determinado el momento residual de la carretilla más el implemento, procedemos como en el caso anterior para calcular la capacidad residual por desplazamiento del c. d. g. de la carga, siendo esta medida del desplazamiento facilitada por el fabricante.

Los datos que debe suministrar el constructor del implemento son:

— Masa del accesorio.
— C. d. g. del accesorio.
— Pérdida de c. d. g. de la carga.

El cálculo de la capacidad residual de la carretilla con implemento será:

$$\textbf{Capacidad Residual} = \frac{\text{Momento residual (Carretilla + Implemento)}}{\text{C. D. G. Carga + Pérdida C. D. G. Accesorio + Dist. (X)}}$$

1.1.1.9. Capacidad residual por altura de elevación

Todas las carretillas conservan su capacidad de carga nominal hasta una determinada altura, dependiendo esta altura del tipo de mástil y de otros factores, como la anchura de ejes, tipo de neumáticos, desplazamiento lateral, etc. Sobrepasada esta altura, ha de hacerse una reducción para elevar a máxima altura sin peligro de vuelco.

En todos los catálogos técnicos se especifica la reducción en la capacidad de carga por las alturas superiores a la estándar, así como las distintas características que deben reunir los equipos para conservar al máximo de capacidad sin disminuir el factor de seguridad. Estas características que pueden ayudar a disminuir la reducción de carga son: ruedas más sólidas, ejes anchos, reducción en el grado de inclinación del mástil, reducción de la carrera del desplazador lateral, mástil fijo con inclinación en las horquillas o en el tablero, baterías de más capacidad (eléctricas), etc.

1.1.1.10. Pérdida de capacidad por altura y desplazamiento del centro de gravedad

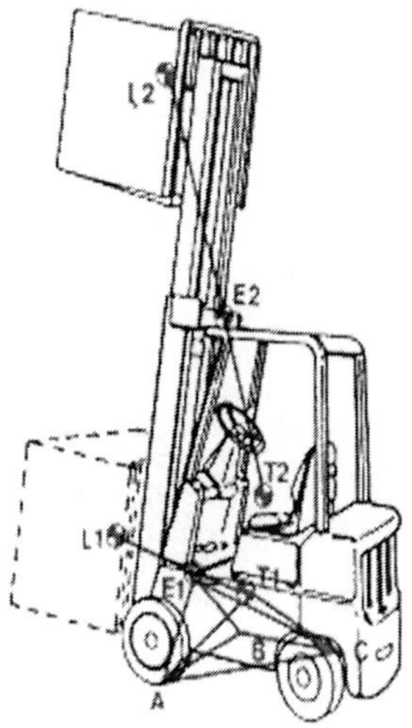

En general, las restricciones en la capacidad de carga por altura y por desplazamiento del centro de gravedad no se suman cuando ambos casos se dan dentro del mismo supuesto. No obstante, a determinadas alturas puede aumentar la restricción cuando hay alejamiento del c. d. g. de la carga.

En cualquier caso, cuando una altura es superior a la estándar hay que consultar con los catálogos o manuales del fabricante y en algún caso específico hay que hacer que dicha consulta directamente al departamento de ingeniería y cálculo del constructor.

1.2. MÁSTILES

1.2.1. Cálculo de la altura de un mástil con horquillas

Cuando cálculamos la altura de un mástil para que una carretilla pueda efectuar un trabajo específico, debemos tener en cuenta determinados aspectos de la nave o almacén que nos ayudarán a seleccionar el más adecuado dentro de la gama que nos ofrece cada fabricante.

Primero vamos a conocer cada uno de los términos empleados al hablar de mástiles, postes, columnas o montantes, que son los nombres por los que también se les conoce.

1. **Altura de elevación.**
   Es la altura a la que un mástil eleva las horquillas. Se mide desde el suelo hasta la cara superior de las mismas.

2. **Altura de replegado.**
   Es la altura del mástll cuando éste se encuentra con las horquillas en el suelo. Se mide desde el suelo hasta el punto más sobresaliente en altura.

3. **Elevación libre.**
   Es la altura recorrida por las horquillas sin modificar la altura del mástil replegado.

4. **Inclinación de mástil.**
   Para dejar las cargas más fácilmente y transportarlas con mayor seguridad, los mástiles suelen llevar unos cilindros hidráulicos que inclinan hacia adelante y hacia atrás unos grados. En grandes alturas se suele modificar o incluso reducir o suprimir el ángulo de inclinación.

5. **Inclinación de horquillas.**
   A partir de determinadas alturas algunos mástiles son fijos y no tienen ningún ángulo de inclinación. Sin embargo, las horquillas llevan unas levas que le proporcionan un determinado grado de inclinación que sustituye al del mástil proporcionando una mayor seguridad. Estas levas son accionadas hidráulicamente mediante la misma función hidráulica que acciona la inclinación suprimida.

6. **Inclinación del tablero portahorquillas.**
   Es una variante de la anterior. Las horquillas permanecen solidarias al tablero y es éste el que efectúa la inclinación, las consecuencias prácticas son muy similares.

7. **Mástil simple o no telescópico.**
   Es un mástil con un solo cuerpo por el que se desliza el tablero portahorquillas. La altura de replegado es mayor que la elevación y la elevación libre es total. Es un mástil muy poco empleado y se utiliza en algunos apiladores sencillos y en alguna carretilla de exteriores de uso muy específico.

8. **Mástil doble.**
   Consta de dos cuerpos, uno de los cuales se desliza sobre otro y por el primero se desliza el tablero portahorquillas. Un pequeño desfase en estos movimientos proporciona una pequeña elevación libre. La altura de elevación es sensiblemente mayor que la de replegado. Son los mástiles más empleados hasta unas alturas de elevación de 4 a 5 metros.

9. **Mástil de elevación libre.**
En determinados trabajos es necesario que el segundo cuerpo del mástil no sobresalga del primero cuando las horquillas están elevando la carga o incluso que su altura sea siempre inferior a la parte superior del tablero portahorquillas. En estos casos se emplea un mástil llamado de elevación libre en el que un desfase en la aplicación de los movimientos permite alcanzar cualquier altura sin que el cuerpo deslizante nos lo impida por tocar en el techo o en cualquier otro obstáculo. Son empleados para apilar en camiones, vagones de ferrocarril, contenedores o en naves con techos muy bajos u obstáculos que no permiten su total aprovechamiento en altura.

10. **Mástil triple.**
A partir de una altura de 4,50 ó 5 metros, los componentes de los mástiles son excesivamente grandes, los replegados son muy altos y es necesario introducir otro cuerpo más. El tercer cuerpo se desliza sobre el segundo y éste a su vez sobre el primero. Se alcanza una gran altura de elevación y su replegado a su vez es corto por estar su totalidad dividida en tres tramos o secciones. En grandes alturas es prácticamente la única solución. En alturas medias y bajas se emplea cuando el paso por un determinado lugar está limitado en altura por un gálibo excesivamente bajo, como el paso de una puerta, la alimentación de una máquina o un tramo de conducción de aire o agua. En estas situaciones, si hubiera que apilar a gran altura tendríamos obligatoriamente que montar un mástil triple.
Son ejemplos de utilización de mástiles triples la mayoría de los almacenes de interior, alimentación, laboratorios, etc.
Los mástiles triples también se fabrican con elevación libre total o parcial según sea la necesidad para la que se han diseñado.

11. **Mástil cuádruple.**
Para casos muy especiales se fabrican mástiles con cuatro cuerpos cuyas características son similares a los triples, pero en los que las medidas de alcance y replegado están aún más distantes; son mástiles excepcionales para casos excepcionales.

1.2.2. Cálculo de la altura de un mástil

Para calcular el mástil que habremos de montar en una carretilla elevadora, primero tendremos que determinar a qué altura deberemos depositar la base de la última carga. A esta medida le añadiremos 100 mm, para salvar la paleta, y otros

100 mm, como mínimo, para pasar por encima de la anterior carga sin tocarla. En las carretillas retráctiles que trabajen con estanterías se deberá tener en cuenta que el primer nivel tendrá una altura mayor que el resto, altura que será igual a la de las patas de sustentación de la máquina, a no ser que la anchura de carga sea inferior a la distancia entre caras inferiores de las patas de sustentación.

Una vez establecida la altura de elevación, procederemos a determinar el gálibo mínimo, es decir, la menor altura de puerta u otro obstáculo por la que la máquina debe circular. En función de esta medida escogeremos mástil doble o triple.

Por último, veremos las condiciones de estiba o si puede tener problemas con obstáculos situados cerca de la altura máxima, como conducciones, tubos de iluminación, cerchas o los propios techos.

Si hubiera algún objeto que impidiera salir uno de los cuerpos durante la elevación, elegiríamos un mástil con elevación libre total o parcial, según el caso.

1. **Cálculo de la altura de un mástil con implementos.**
   Cuando se monta un accesorio en una carretilla, pierde capacidad de carga y adelanta el centro de gravedad de la misma. También, a veces, puede perder altura de elevación, es decir, necesitar un mástil de más altura del que necesitaría si la carga fuera manejada con horquillas. A esta altura perdida se le denomina pérdida de altura por el implemento, y es la altura que lleva recorrida el implemento cuando empieza a levantar la carga.
   Como en el caso de manejo de cargas con horquillas, hay que dejar una tolerancia de 100 a 200 mm. Y para calcular esta altura tendremos que medir la distancia que hay entre la parte más baja del implemento y el suelo, cuando tenemos cogida la carga para iniciar su elevación, por ejemplo, en una pinza para bobinas la pérdida sería la semidiferencia entre la altura de la bobina y la anchura de las placas de apriete.

2. **Cálculo de mástiles intermedios.**
   En ocasiones es preciso el montaje de un mástil cuyas dimensiones no están contempladas en los catálogos técnicos o cuya fabricación simplemente no está prevista; en este último caso se coge un mástil de mayores dimensiones y se corta a la medida deseada.
   Para calcular las nuevas medidas hay que tener en cuenta que la relación entre el aumento o disminución del replegado y el aumento o disminución del replegado y el aumento o disminución de la altura de elevación es de 1:2 en un mástil doble y de un 1:3 en un mástil triple.

Esto significa que, si tenemos un mástil doble de 4.000 mm y necesitamos uno de 4.400 mm, es decir 400 mm más de elevación, el nuevo replegado tendría 200 mm más que el antiguo.
Si el mástil fuera triple, el replegado tendría 133 mm más, es decir la tercera parte de aumento que la altura de elevación.
Estos cálculos pueden tener alguna variación debido a las características de construcción de algunos mástiles, pero sirven para determinar las medidas intermedias con bastante aproximación.

1.3. PASILLOS

1.3.1. Cálculo de pasillos de estiba

1. **Pasillo de estiba a 90°.**
Las carretillas elevadoras de carga frontal que no poseen dispositivo para girar la carga dentro de los pasillos de estiba necesitan hacer el giro dentro de este pasillo para coger y dejar la paleta. Cada tipo de máquina necesita una anchura mínima de pasillo para realizarlo.
Para calcular el giro a 90°, hay que calcular primero el radio exterior de giro. Éste depende fundamentalmente de la geometría de la dirección, es decir, de cómo se ha combinado la tracción con la dirección para conseguir un radio más corto.
Hay dos sistemas o dos formas distintas de efectuar los giros: los que su menor radio exterior de giro lo efectúan fuera del límite del eje delantero y los que lo efectúan alrededor de un punto situado dentro de los límites del eje delantero.

2. **Radio de giro sobre un punto situado fuera de la máquina.**
Cuando un vehículo se desliza sobre ruedas y efectúa un cambio de dirección, siempre se verifica que:

    a) Todas las partes del vehículo giran alrededor de un solo punto, describiendo alrededor de él circunferencias concéntricas.
    b) Este punto de giro está situado en la intersección de la prolongación de los ejes perpendicualres a los planos de rodadura de todas y cada una de las ruedas.
    c) El recorrido de cada uno de los vehículos es proporcional a su radio.

Cuando el vehículo, en este caso una carretilla elevadora, no tiene un dispositivo que le permita invertir el sentido de una de sus ruedas delanteras, el mínimo radio de giro exterior se obtendrá midiendo la distancia del punto de giro hasta la parte más alejada de la máquina. El citado punto donde gira la carretilla siempre estará en la parte exterior del eje delantero y como límite puede estar situado en el centro de su rueda delantera interior, la cual girará, en este caso, sobre sí misma. Éste es el caso de todas las carretillas frontales, contrapesadas y de cuatro ruedas. Sin embargo, algunas máquinas necesitan reducir aún más su pasillo de estiba o, lo que es igual, su radio de giro.

3. **Radio de giro sobre un punto situado dentro de la máquina.**
   Al situar el punto de giro sobre el eje delantero, la rueda interior girará en sentido contrario a la exterior y el recorrido de ambas será proporcional a su distancia al citado punto. Por lo tanto, cuando la dirección gira entre sesenta y noventa grados las diferencias de velocidad y sentido entre ambas ruedas delanteras son constantes. Para resolver este problema se recurre principalmente a dos soluciones:

   a) **Tracción delantera.**
      Se utiliza un motor en cada rueda delantera con un sistema que suministra a cada uno de los motores la corriente necesaria para efectuar el giro conveniente. La correcta distribución de corriente a ambos motores es efectuada por la rueda de dirección mediante dos sistemas; en uno de ellos ***una leva situada en el eje de la rueda directirz*** acciona varios microinterruptores y en el otro la posición del eje mencionado acciona un ***variador electrónico***. El primer sistema es muy rudimentario y, además de ser muy brusco, el cambio de marchas permanece durante mucho tiempo arrastrando una de las dos ruedas delanteras. El segundo sistema es muy complejo, caro y exige frecuentes ajustes. Como es obvio, sólo puede montarse en máquinas eléctricas contrapesadas.

   b) **Tracción trasera.**
      Cuando la tracción es trasera, el problema se simplifica notablemente, ya que las ruedas delanteras giran libremente mientras que la trasera o traseras lo hacen siempre en el mismo sentido y velocidad. Este sistema es usado en traspaletas, apiladores, contrapesadas eléctricas de tres ruedas, retráctiles de tres y cuatro ruedas, algunos selectores de pedidos, trilaterales, etc.

Una vez definido el radio de giro de una carretilla, para conocer el pasillo de estiba a 90° procederemos de la siguiente forma:

— Cuando el giro es efectuado sobre **un punto fuera de la carretilla** se suman:
  - Radio exterior de giro.
  - Distancia (x).
  - Longitud del palet.
  - Tolerancia (200 mm).

— Cuando el giro se efectúa sobre un **punto interior a la carretilla** se suman.

— Cuando la carretilla **no gira dentro del pasillo** y lo hace **el cabezal portahorquillas,** el ancho viene determinado por el ancho de la máquina o el giro del cabezal, si lo efectúa dentro del pasillo. En cualquier caso los pasillos de estas máquinas vienen determinados por el constructor y los datos los suministra la fábrica.

— **Selectores de pedido.** El pasillo de estiba es el ancho de la carretilla más las tolerancias que se determinan según lleven guías o no.

— **Carretilla de carga lateral.** El pasillo de estiba es el ancho de cabina, más el ancho de la plataforma, más 200 mm de tolerancia.
Los pasillos calculados son los **pasillos teóricos incluyendo 200 mm** de tolerancia. Algunos fabricantes lo sustituyen en sus especificaciones por el pasillo de estiba práctico, hecho en base al mínimo teórico, pero modificado según una serie de pruebas practicas, por no reunir suficientes condiciones de objetividad ni haber un sistema normalizado que garantice la igualdad de criterios. Es conveniente a la hora de comparar distintas marcas y modelos referirnos siempre al mínimo teórico sin incluir tolerancia, procediéndose de la forma que más arriba hemos descrito.

4. Pasillos de intersección.

Para cambiar de un pasillo a otro dentro de un almacén es necesario dejar un espacio de forma que pueda haber libre acceso entre todos ellos. En almacenes con pasillos cortos, dichos accesos suelen estar al final o al principio, pero si los pasillos son muy largos se sitúan nuevos accesos en la zona central, de tal forma que los ciclos de trabajo no tengan un recorrido excesivo en detrimento de la rápida rotación de los productos almacenados.

Para calcular los pasillos de intersección deberemos tener en cuenta las características de cada máquina.

a) Carretillas con centro de giro fuera del eje delantero.

El pasillo de intersección mínimo teórico será igual al radio de giro exterior de máquina con carga menos radio interior de giro. También de máquina con carga.

b) **Carretillas con centro de giro dentro del eje delantero.**
El pasillo de intersección teórico será igual a la mitad del ancho total de máquina con carga más el radio de giro trasero; no obstante, si el pasillo de intersección no está situado en un extremo, el ancho de éste será igual al ancho total de la máquina con carga.

c) **Carretillas trilaterales y selectores de pedidos.**
La dimensión necesaria será el doble de su radio trasero de giro.
Estos cálculos de pasillos de intersección se entienden teóricos; en la práctica pueden ser modificados para darles mayor rapidez a la maniobra. La dimensión que debemos añadir a cada uno de los casos depende de cada uno de los modelos y de las características de visibilidad, puesto de conducción, tipo de mástil y accesorio, timón o volante, situación de mandos, palancas y pedales, etc.

1.4. CÁLCULOS

1.4.1. Cálculo de altura de un selector de pedidos

Cuando hablamos de una carretilla elevadora cualquiera, la altura más importante es la de elevación de las horquillas. En un selector o preparador de pedidos tenemos otra más importante aún: la altura de alcance del operador.

Como definición, la altura de alcance del operador o simplemente altura de alcance es la altura a la que la vista del operador está situada con respecto al suelo cuando el mástil está en su mayor elevación.

Esta medida es igual a la altura alcanzada por la plataforma donde va situado el operador más 1.500 mm, que es la dimensión que se toma como medida de la altura de la vista al suelo para un operador de tipo medio.

En los **selectores de pedidos** tenemos unos parámetros distintos que en el resto de las carretillas, donde la altura de elevación es la dimensión que nos condiciona la selección del mástil, combinada con la del replegado. Estos nuevos parámetros son:

1. **Altura del alcance del operador.**
Ya la hemos definido anteriormente y es igual a la altura de elevación del mástil, más la altura de la plataforma del operador, más 1.500 mm. Para definir en un almacén cuál es la altura de alcance que necesitamos, tendremos que

sumar al nivel donde está situada la última bandeja la altura de la unidad de carga.

2. **Altura de la plataforma.**
Varía de unos modelos a otros y es la altura, desde la plataforma del operador o del suelo de la cabina, en aquellos modelos que la tienen, hasta el suelo cuando el mástil está en su posición más baja.

3. **Altura de elevación.**
En los modelos de medio y alto nivel, es la diferencia entre la posición de la cabina en la parte más elevada y su posición cuando está totalmente bajada.

4. **Altura total de elevación.**
Muchos selectores de pedidos, especialmente los de alto nivel, tienen delante de la cabina del operador un pequeño mástil donde está situado el tablero portahorquillas con las horquillas. Este pequeño mástil proporciona una elevación suplementaria que oscila entre 1.000 y 1.500 mm. La altura total de elevación en estos modelos es la altura de elevación incrementada con esta altura suplementaria.

5. **Altura suplementaria.**
Ya descrita en el párrafo anterior, sirve para poner cerca del alcance del operador el palet donde va depositando la carga. Cuando el palet está vacio, se encuentra en su parte más elevada. A medida que va llenando el palet, éste va descendiendo y cuando está totalmente lleno el mástil suplementario está completamente descendido. Esta maniobra evita al operador movimientos peligrosos o simplemente molestos que dificultan enormemente la maniobra.

Cuando se hace el cálculo para determinar el mástil a elegir para un **selector de pedidos** hay que tener en cuenta las anteriores consideraciones, así como tener bien asimilados todos los conceptos. También es necesario tener las medidas exactas del último nivel de estantería de "picking" (los demás niveles aunque sean superiores no nos importan) y la altura del palet o cestón manejado en la preparación de pedido para, con estos datos, poder escoger el mástil adecuado.

1.4.2. Cálculo del momento de vuelco de una carreilla contrapesada

En ocasiones uno de los argumentos de venta, que incluso puede ser decisorio, es la capacidad nominal de una carretilla.

A veces el cliente, por una información inadecauda, escoge otra marca por ofrecerle mayor capacidad nominal sin tener en cuenta el criterio del fabricante a la hora de establecer el factor de seguridad. En estos casos se hace preciso comparar los distintos momentos de vuelco, datos que sí son objetivos y, por tanto, comparables.

Para calcular el momento de vuelco se multiplica el peso sobre el eje trasero por la distancia entre ejes.

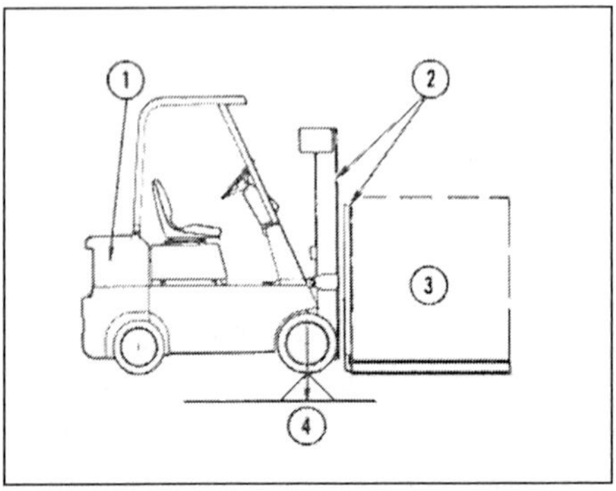

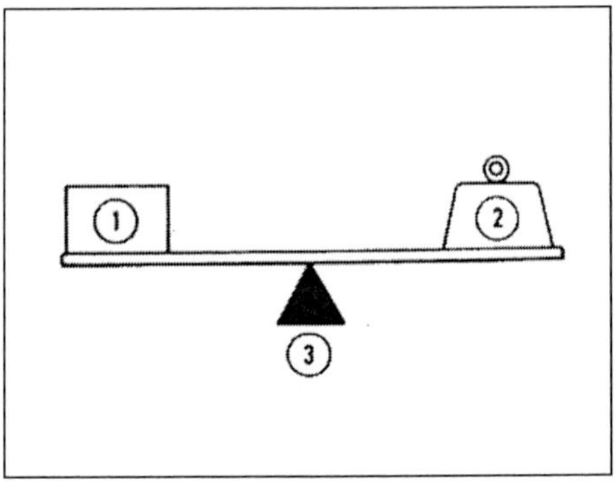

Una vez establecidos ambos momentos de vuelco, tendremos que ver un segundo factor que tiene gran influencia en la capacidad nominal y en la residual. Éste es la distancia entre el eje delantero y el talón de la horquilla, la denominada distancia (A). Cuanto mayor sea esta medida, más desplazada estará la carga hacia adelante y menor será la capacidad.

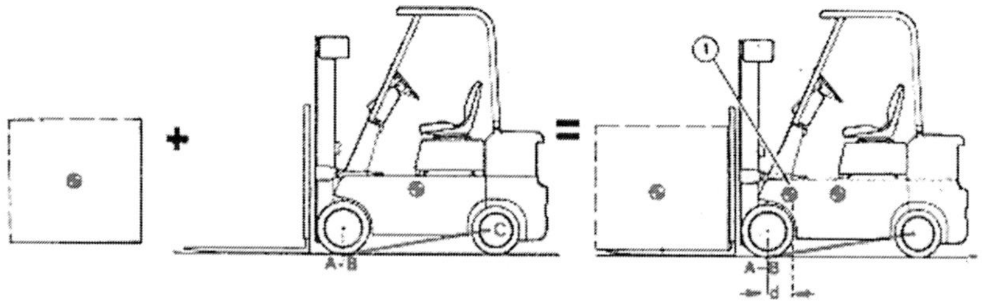

Para poder combinar estos dos factores y así establecer una comparación objetiva, podemos recurrir a calcular el momento de vuelco en el límite de la distancia (A) o a 500 mm, de ella, sin aplicar ningún factor de seguridad. Una vez obtenidos, tendremos datos fiables y comparables para saber las diferencias de capacidad entre los distintos modelos y marcas.

1.4.3. Coeficiente de seguridad

Para saber qué margen de seguridad tiene un modelo determinado de carretilla, restaremos al momento de vuelco el momento nominal y esta diferencia la dividiremos por el momento de vuelco. El factor de seguridad es importante por cuanto los cálculos que de él se derivan tendrán mucha influencia en la reducción por montaje de accesorios o por otras circunstancias. Si un coeficiente de seguridad es bajo, su estabilidad dinámica frontal es precaria y en una frenada fuerte con la máquina cargada podemos llegar a su límite y volcar.

1.4.4. Suma y resta de momentos

Cuando a cualquier carretilla contrapesada le añadimos un peso, ya sea un accesorio mecánico o hidráulico, el cálculo de suma o resta para averiguar la capacidad residual no lo podemos hacer sumando o restando dicho peso. Por ejemplo, si a una carretilla de 1.500 kgs le ponemos una pinza hidráulica cuyo peso es de 300 kg, la capacidad residual no es ahora de 1.200 kg (1.500 – 300), sino que debemos restar al momento nominal de la carretilla el momento del accesorio.

Cualquier modificación que se haga a una carretilla contrapesada y que conlleve el aumento o disminución de un peso en la misma forma permanente modifica su capacidad y cuando esta variación sea significativa debe calcularse, tenerse en cuenta a la hora de su manejo e incluirse en la placa de características.

Para hacer los cálculos necesitamos:

1. Masa (peso) del objeto.
2. Distancia desde su centro de gravedad hasta el centro del eje de carga.
3. Si modifica la posición de las cargas, cuál es la distancia de esa modificación.

Con estos datos podremos determinar el nuevo momento residual de la máquina y operar con ella con toda seguridad, ya que el producto de los datos de los puntos 1 y 2 nos da un momento y éste lo sumaremos o restaremos, según el caso, al momento nominal o residual de la carretilla.

Una de las aplicaciones más interesantes de esta característica es, en las máquinas eléctricas. Cuando estamos en el límite de la carga en algunos casos para incrementar la capacidad de carga se recurre a ***una batería de mayor capacidad*** y por tanto de mayor peso. Como parte del contrapeso de las máquinas eléctricas viene dado por sus baterías. Al aumentar su peso aumentamos la capacidad de carga en la proporción que le corresponde.

1.4.5. Estabilidad frontal y rstabilidad transversal

De la estabilidad frontal hemos hablado de una forma suficientemente amplia en anteriores apartados. En esta ocasión hablaremos de la combinación entre la estabiliad frontal y transversal.

Ya hemos dicho que el c. d. g. es el punto desde donde, si pudiéramos suspender un cuerpo, éste permanecería en equilibrio en cualquier posición. La gravedad terrestre tira de ese punto hacia el centro de la Tierra con una fuerza igual a su peso. Cuando a un objeto lo queremos mantener estable, tendremos que apoyarlo de forma tal que su centro de gravedad esté dentro del plano que delimitan los puntos donde se apoya.

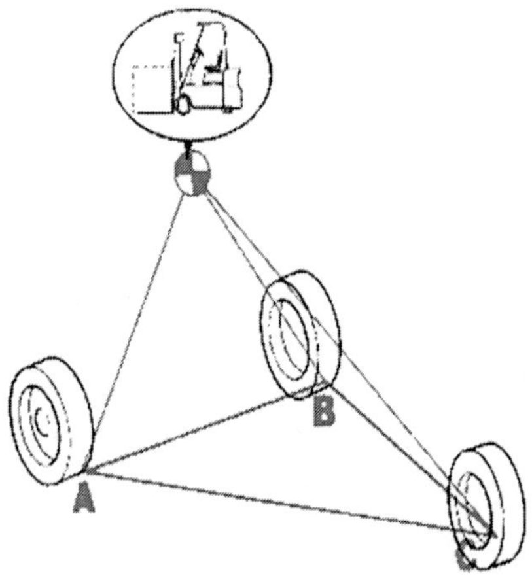

Una carretilla elevadora generalmente se apoya sobre tres puntos (algunas transpaletas y apiladores hacen apoyos en más puntos mediante un sistema de compensación-suspensión). Aunque algunos modelos tengan cuatro ruedas, su eje directriz suele ser pivotante sobre un eje y es precisamente este eje el tercer punto del triángulo, además de los otros dos que forman las ruedas del eje de carga.

Pero la estabilidad de una carretilla está definida por una pirámide cuya base es el triángulo de apoyo o de sustentación y la altura es el centro de gravedad de la carretilla con la carga. Para que una carretilla sea estable, la proyección del c. d. g. (punto superior de la pirámide) debe caer dentro del triángulo que sirve de base a la pirámide. Si no es así, la carretilla volcará frontal o transversalmente.

Veamos qué pasa con el centro de gravedad de la máquina en cada una de las maniobras más usuales:

a) **Carretilla descargada, mástil bajado.**
El centro de gravedad está situado muy atrás, por lo que su estabilidad transversal es buena y su estabilidad frontal es total. Cuando la máquina está en marcha conserva su estabilidad frontal, pero la transversal se reduce.

b) **Carretilla cargada, mástil bajado.**
Al tener la carretilla su carga nominal el c. d. g. se adelanta hacia el eje delantero, disminuyendo notablemente la estabilidad frontal, pero aumentando también en la misma medida su estabilidad transversal. En esta situación cuando la carretilla se pone en marcha la estabilidad frontal es precaria y la transversal muy buena.

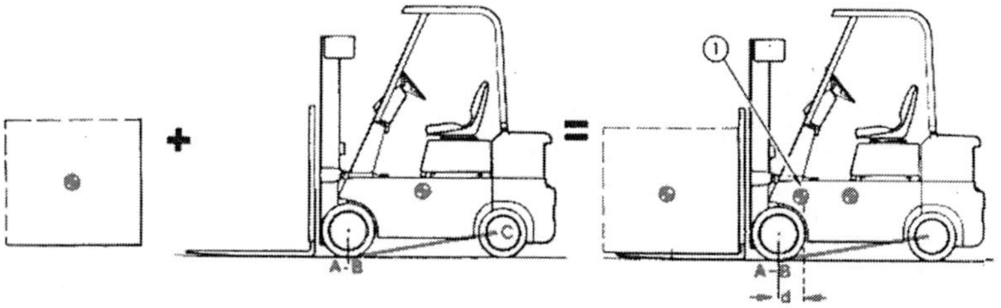

c) **Carretilla descargada, mástil subido.**
Al tener poco peso el mástil, tablero y horquillas con respecto al resto de la máquina, el centro de gravedad sube levemente y mantiene su posición con respecto al plano de sustentación. La estabilidad es semejante al punto anterior. La transversal disminuye algo. En esta posición la carretilla no puede circular.

d) **Carretilla cargada, mástil subido.**
Es la situación más inestable, el c. d. g. está totalmente adelantado y en una posición elevada. Cualquier movimiento de inclinación del mástil puede desnivelar el equilibrio del conjunto. Si inclina hacia adelante el C.D.G., puede pasar del eje delantero y volcar frontalmente. Si inclina hacia atrás, aumenta la estabilidad frontal, pero puede alcanzar uno de los lados del triángulo de estabilidad y caer hacia uno de ellos.
Cuando la altura de elevación de una carretilla es ya considerable, es necesario aumentar las precauciones para mantener los márgenes de seguridad. Estas precauciones pueden ser:

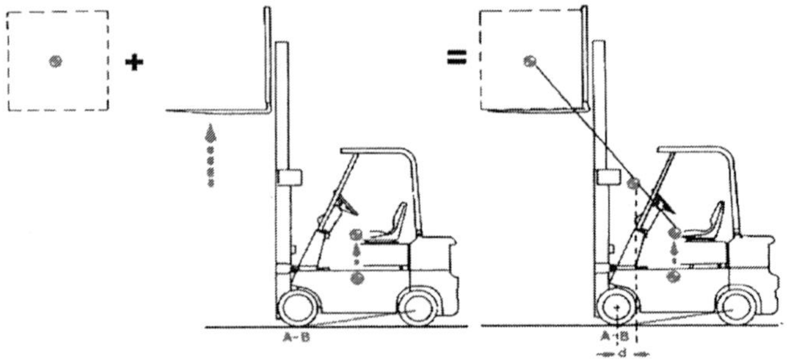

— **En relación con la estabilidad frontal:**
- Limitación de inclinación del mástil.
- Mástil fijo con tablero u horquillas inclinables.
- Elevación con variador electrónico.

— **En relación con la estabilidad transversal:**
- Ruedas de material menos deformable.
- Mayor ancho de vía o de chasis.
- Limitación en la carrera del desplazador lateral.
- Elevación con variador electrónico.

Por último debemos tener en cuenta que lo que hasta ahora hemos visto es en terreno totalmente llano. Cuando encontramos un plano inclinado, un nuevo factor entra en juego que modifica todos los cálculos. La proyección del centro de gravedad ya no es perpendicular al triángulo de estabilidad, sino que forma con él un ángulo igual al del plano inclinado y con su misma dirección, lo que hace que en ocasiones sea favorable y en ocasiones desfavorable.

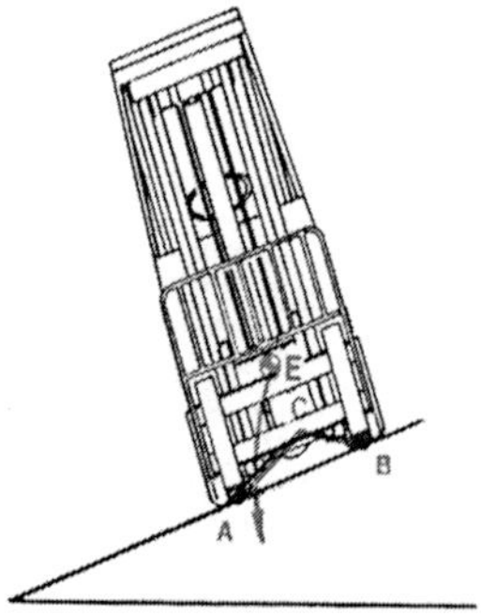

Como norma general, tanto al subir como al bajar una rampa la carga debe estar en la parte más alta.

1.5. ESTABILIDAD DINÁMICA

Hasta ahora hemos visto el comportamiento de una carretilla parada en la que el único factor de desestabilización es la fuerza de la gravedad, es decir la situación del centro de gravedad de la máquina cargada o descargada y la de su proyección sobre la base de sustentación.

Cuando la máquina está en marcha, la situación varía completamente. Al acelerar, frenar o variar de dirección, la inercia añade una segunda fuerza que tiene que componerse con la primera. El resultado final es lo que hay que considerar, ya que no es la proyección de c. d. g. sino que la prolongación de la suma vectorial de ambas fuerzas esté dentro de la base de sustentación. En caso contrario, la máquina volcará por efecto de esta componente, buscando otra base en la que apoyarse.

Para que el ángulo de la suma vectorial de las dos fuerzas las mantenga dentro de la base estabilizadora se requieren dos condiciones:

1. El peso debe ser el mayor posible.
2. El c. d. g. debe estar lo más bajo posible.

De aquí deducimos que, para circular, la forma más segura es hacerlo con la carga lo más bajo que permita el recorrido e ir adecuando la velocidad de marcha al giro del volante o timón para que la fuerza centrífuga no desborde los límites de seguridad y nos haga volcar.

1.6. LOGÍSTICA DEL TRANSPORTE

Desde el principio de la humanidad el hombre ha sentido la necesidad de extraer productos de la tierra, ya sean alimentos, metales, madera, etc., así como guardarlos, almacenalos, transformarlos, conservarlos para su cambio por otros o venderlos.

Fue en los principios de la revolución industrial cuando la aplicación de las máquinas y posteriormente la fabricación en serie modificaron todos los planteamientos de los abastecimientos, no sólo de materia prima, sino de todos los pasos de los procesos de fabricación.

El aumento de la fabricación planteó el problema del manejo de cada vez mayor cantidad de productos, que a su vez eran de mayor peso. La especialización de las fábricas debido a la producción en serie hizo que los circuitos seguidos por estos productos fueran cada vez mayores, dándose con frecuencia la circunstancia de que desde su extracción como materias primas hasta su comercialización fuesen transportados a través de diversas ciudades e incluso de varios países.

La influencia de tal cantidad de transportes en los costos del sistema productivo hizo que éstos fueran racionalizados. La respuesta fue el envío en grandes cantidades para aprovechar los transportes y como resultado final la conteinerización y la paletización. Esta última solucionó el problema de manipulación de cargas (movimientos, carga y descarga) en el mínimo tiempo y con el máximo aprovechamiento de espacio.

Aún quedaba otro problema por resolver: cuando una fábrica embarca un contingente de piezas para ser transformadas, éstas no han sido producidas en ese mismo día, sino que han tardado días o semanas en reunir ese contingente. Durante ese tiempo han debido ser acumuladas en determinados lugares en espera de ser embarcadas. El espacio dedicado a este fin se llama **almacén.** Como receptor del envío tampoco emplea todas las piezas el mismo día necesita otro almacén en el que poder situar todas las mercancías recibidas hasta su empleo o transformación.

Como hemos visto, cada vez que desde que la materia prima es extraída hasta que el producto totalmente elaborado llega al consumidor final todos sus movimientos pueden ser agrupados en tres apartados distintos:

a) Transporte exterior.
b) Almacenaje.
c) Manipulación o manutención.

a) **Transporte exterior.**
Es el transporte desde un punto pruductivo o de distribución a otro generalmente por carretera o ferrocarril, aunque también puede ser por barco o avión.

b) **Almacenaje.**
Hemos dicho que los lugares donde no se efectúa ningún proceso productivo y en los que las mercancías esperan el momento de ser transformadas o expedidas a otro lugar se llama almacén. Todos los movimientos de estiba o desestiba se hacen con máquinas que generalmente sólo se usan dentro de los mismos, como apiladores, retráctiles, trilaterales, preparadores de pedidos, transpaletas, etc.
Debido a que estos almacenes suelen ser cubiertos y a que el costo por metros cúbicos de construcción es cada día más caro, se tiende a aprovechar el espacio al máximo. Para ello se procura que los niveles de carga lleguen lo más alto posible, los pasillos sean lo más estrecho que permita el acceso de la carga y los suelos tan planos y resistentes que permitan las maniobras de las máquinas sin ninguna incidencia ni alteración en su estructura, ya que las cargas puntuales pueden llegar a ser muy notables y además las ruedas de estas máquinas, que suelen circular siempre por los mismos recorridos, son extremadamente duras y muy estrechas.

c) **Manipulación o manutención.**
Son todos los demás movimientos efectuados dentro de los centros de producción, comercialización o distribución, es decir carga y descarga en los muelles de recepción o expedición, transporte interior, alimentación de máquinas o a cadenas de producción, movimiento en muelles o tinglados, carga y descarga de contenedores o vagones de ferrocarril, distribución de mercancías, etc.
Por último, podemos definir la **logística del transporte** como *la ciencia que estudia los procedimientos, medios y realización de todo el movimiento de productos y mercancías con el fin de situarlas en el sitio previsto en el momento adecuado y con el mínimo costo.*

Dejando a un lado el transporte exterior por caer fuera del ámbito de este manual, nos centraremos en el almacenaje y en la manutención o manipulación.

1.6.1. Almacenaje

Ya hemos visto qué es un almacén y cuál es su utilización en general. Ahora veremos distintos tipos de almacenes y su empleo específico en cada uno de los casos.

Antes de comenzar con los almacenes vamos a ver dos de las partes más importantes de las que se compone un almacén: las paletas o palets y las estanterías.

1.6.1.1. Las paletas

Una paleta es una plataforma o soporte portátil sobre la que se forma la unidad de carga para su manejo, almacenaje o transporte. Este soporte o plataforma se apoya sobre unos largueros que dejan paso a las horquillas tanto de carretilas como de los apiladores o transpaletas y sirven a su vez de apoyo en la estiba.

Las paletas pueden ser:

- **a) De dos entradas,** si las horquillas pueden coger la paleta sólo por dos lados.
- **b) De cuatro entradas,** si puede cogerse por cualquiera de los cuatro lados.
- **c) Reversible,** si en la base de la paleta hay otra plataforma que permite que al dar la vuerta a la misma también pueda ponerse la unidad de carga. Puede utilizarse en ambas posiciones.
- **d) No reversible,** debajo de los largueros transversales no hay nada. Sólo puede utilizarse en una posición.

a

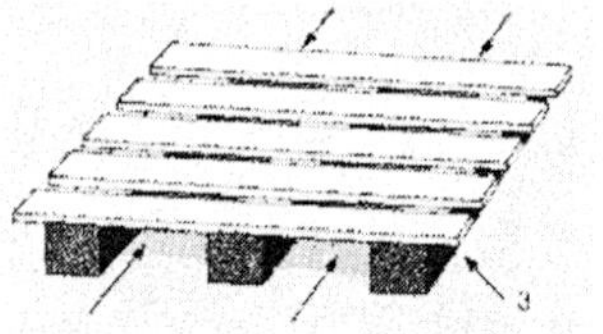

Paleta de dos entradas

b

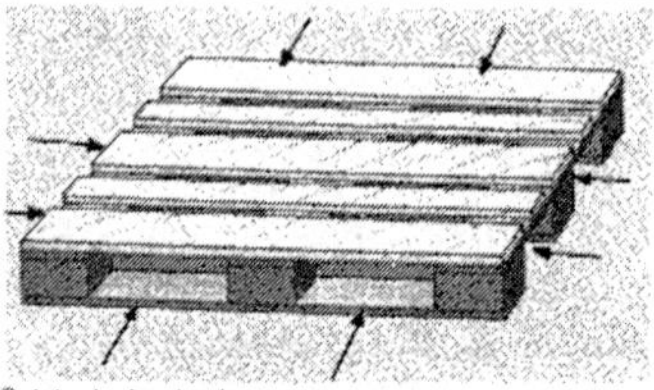

Paleta de 4 entradas

c

d

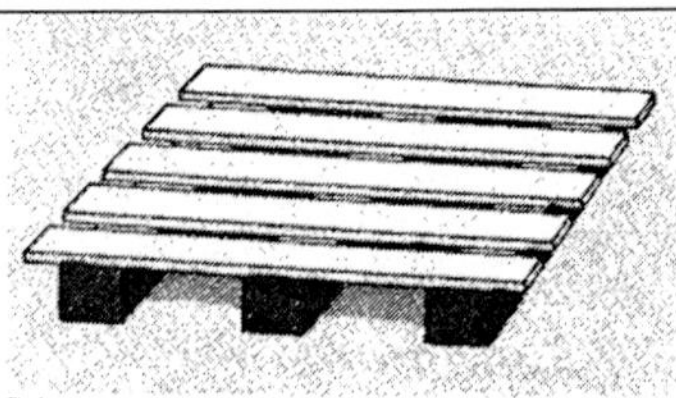

Paleta con aleros de carga

Naturalmente, tanto las de dos entradas como las de cuatro pueden ser reversibles o no reversibles.

En cuanto a las dimensiones de las paletas, hay un gran número de combinaciones. Cada sector industrial o de distribución tiene sus medidas características debido a que tratan de aprovechar al máximo la superficie de la paleta acoplándola todo lo posible a su unidad de carga. Así, en el sector químico abunda la paleta de ***1.200 x 1.200 y 1.300 x 1.300 mm,*** para que los sacos de materia prima ocupen toda la superficie. En el sector del papel hay paletas muy diversas de ***800, 700 e incluso 600 mm*** de profundidad. No obstante, de día en día se va normalizando la dimensión de los palets y puede decirse que la gran mayoría de los actuales tienden al llamado ***europalet*** cuyas dimensiones son:

800 x 1.200 / 1.000 x 1.200 / 800 x 1.000

En cuanto a la altura de las paletas, la normalización europea es de 5 pulgadas (127 mm) como máximo entre suelo y cara inferior de la plataforma.

En los Estados Unidos de América son corrientes las paletas de $2\frac{5}{8}$ y 3 pulgadas (66,7 y 76,2 mm), llamadas paletas bajas o superbajas.

Aparte de estas paletas clásicas o de madera, las mercancías son manejadas por otros tipos de paletas o pseudopaletas.

Convertidor

Existen determinadas mercancías que no pueden ser manejadas en un palet normal, debido a su mala estabilidad incluso siendo flejadas, como por ejemplo carne, piezas sin estructura estable, etc. Para formar la unidad de carga hay que rodear el palet de una estructura rígida para sujetar la carga que puede ir sobre la paleta o, en otros modelos, sobre el cuerpo integral de dicha estructura, que suele ser de tubo o de perfil angular de acero.

Algunos modelos de convertidor sólo llevan los montantes de las esquinas con unos travesaños de unión que les proporciona una mayor robustez. Otros, sin embargo, llevan paneles laterales de retención de malla o chapa y que le dan una configuración de palet-caja.

Para apilado sin estantería tiene la gran ventaja de que el peso de las cargas superiores se transmite a través de la estructura permitiendo apilar mercancías que de otro modo no podrían resistir el aplastamiento. Otra de las ventajas es su estabilidad, por lo que son útiles para alcanzar hasta cinco y seis niveles de apilado.

Cestones

Son cajas que se adapatan a un palet y sirven para almacenar piezas pequeñas y poco estables. Son semejantes a los covertidores.

Contenedores

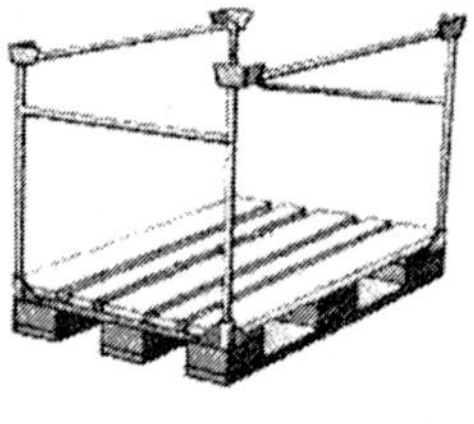

También llamados cestones y cajas paletas, son estructuras rígidas metálicas, o de madera con los laterales cerrados con chapa o malla. A veces tienen un lateral abatible o desmontable y sirven para llevar todo tipo de piecerío o cualquier otro tipo de carga con problema de estabilidad. La base ya no es una paleta, sino unas patas especiales que permiten el apilado a gran altura, pues el peso se transmite a través de las mismas, las cuales, hechas de perfiles resistentes, confieren al conjunto una gran resistencia. Existen contenedores para diversas clases de mercancía, desde ropa hasta repuestos de automóviles.

Contenedores sobre ruedas

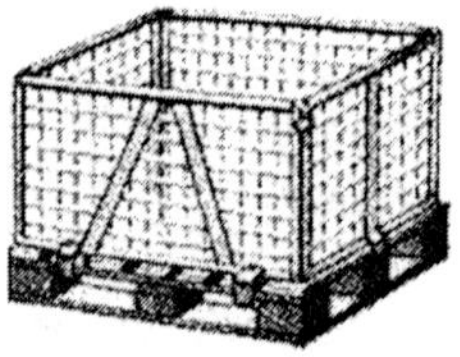

En algunos almacenes (alimentación, frigoríficos, textiles) existe una parte del proceso que, debido a su carácter especial, necesita hacerse manualmente. Entonces se hace necesario desplazar el contenedor sin la ayuda de ningún medio mecánico. En estos casos se acoplan al contenedor unas ruedas, generalmente de poliuretano, para poder desplazarlo manualmente. Dos de las ruedas son orientables y las otras dos fijas. De esta forma se puede manejar a mano el contenedor sin tener que deshacer la unidad de carga con la consiguiente pérdida de espacio y tiempo.

Existen otras muchas clases de contenedores específicos de cada actividad, pero todos pertenecen, con algunas variantes, a uno de estos tres grupos:

1. Sobre paleta.
2. Sobre patas o montantes.
3. Sobre ruedas.

Materiales

Para los cestones y contenedores los materiales más empleados son chapa pintada, chapa galvanizada y malla de alambre. En cuanto a los laterales, la estructura suele ser de perfiles de chapa, de tubo, perfil angular de acero, etc.

En cuanto a las paletas, el material más empleado es la madera, aunque también se hacen en acero, tubo de aluminio, chapa galvanizada y más modernamente en plástico.

Hay otro tipo de paleta que se hace de una madera de baja calidad o de papel especial prensado y que se construye especialmente para paletas no recuperables, es decir para paletas que se envían al cliente y cuyo costo ha sido calculado y sumado a la mercancía deduciendo los costos del retorno. Para este tipo de paletas también se ha ensayado los palets de cartón, espuma de plástico, polietileno moldeado al vacío, mezcla de cartón y plástico, etc.

1.6.1.2. Estanterías

En determinados almacenes no se apilan las cargas unas sobre otras o apoyándose en los montantes de las paletas o de los cestones.

Para poder alcanzar grandes alturas y dar mayor estabilidad y por tanto más seguridad a la carga, se montan unas estructuras fijas o ajustables donde se depositen las paletas.

Las partes más importantes de estas estructuras son:

a) **Montantes.** Son los elementos que soportan el peso de todo el almacén y lo transfieren al piso. Son unos perfiles de acero laminado dispuestos de forma vertical a modo de columnas. Estos perfiles angulares llevan un ranurado especial donde se anclan los largueros por medio de tornillos o uniones especiales "botless" (sin tornillos).
b) **Largueros.** Perfiles de acero semejantes a los empleados en los montantes verticales, pero dispuestos en forma horizontal se anclan a los montantes verticales a modo de vigas para soportar el peso de las paletas.
c) **Bandejas.** Cuando las cargas no son uniformes o hay diversidad de medidas de paletas, se colocan descansando sobre los largueros unas bandejas, estantes o anaqueles dispuestos a modo de pisos en los distintos niveles. Estas bandejas pueden ser de madera, chapa o cualquier otro material resistente y que transmita el peso de la paleta a los largueros sin deformación.

d) **Uniones.** Son piezas que engarzan los largueros a los montantes mediante tornillos o dispositivos de fijación a base de ranurados.

e) **Espaciadores.** Para dar mayor solidez a la estructura, los módulos contiguos se unen con unas piezas que se fijan a ambos lados de sus montantes y que mantienen constante la separación entre dichos módulos. Por supuesto que en los extremos de cada almacén la parte trasera del módulo se unirá al muro correspondiente.

f) **Placas de apoyo.** Para disminuir la presión de los montantes en el piso aumentando la superficie de apoyo, tirantes para tensiones laterales, manguitos de unión de montantes, etc., forman el equipo completo, además de las guías en "U" o en "L" para tope de ruedas laterales cuando por los pasillos de almacenes de alta densidad va a trabajar una trilateral o un selector de pedidos.

1.6.1.3. Almacenes, distintos tipos

Podemos agruparlos en dos partes: con estanterías o sin estanterías.

1. Apilado sin estanterías (sistema convencional)

Se colocan las paletas una sobre otra formando hileras y por cada dos filas de paletas se deja un pasillo de acceso. El acceso está limitado a la carga más alta. Para acceder al resto hay que ir despaletizando las que tienen encima. En cuanto al aprovechamiento en superficie, es regular y el aprovechamiento de la altura depende de la fragilidad de la unidad de carga, ya que cada una debe soportar el peso de todas las que tiene encima.

Apilado en bloque

Tampoco hay estanterías. Las cargas se colocan en un bloque totalmente compacto sin pasillos de acceso. Se accede frontalmente a las paletas. El aprovechamiento en superficie es total. La accesibilidad a las cargas es muy limitada. El aprovechamiento en altura es total, pero el aprovechamiento de la altura de la nave está limitado, como en el caso anterior, por la resistencia y estabilidad de las unidades de carga.

Apilado con cestones o paletas con montantes

Como en los dos casos anteriores, no hay estanterías, pero la diferencia fundamental con ellos es que el aprovechamiento en altura depende de la longitud de las patas o de los montantes y el aprovechamiento de la altura de la nave es superior, ya que es mucho más estable y el peso de las cargas no gravita sobre las de los niveles inferiores, sino que es soportado por los montantes, que forman una especie de estructura o bastidor de gran resistencia y estabilidad.

2. Apilado con estanterías

Como en el almacenaje sin estanterías, este sistema agrupa las cargas en filas a lo largo de unos pasillos que sirven de acceso a los medios mecánicos de cada pasillo. Se accede a dos hileras situadas a izquierda y derecha. El acceso a las cargas es del 100%, a diferencia del apilado sin estanterías en el que para acceder a una carga deberemos remover todas las que tiene por encima.

El aprovechamiento en altura es muy inferior con estanterías, pues los huecos de la estantería están calculados para admitir las cargas de mayor peso y volumen sin tener en cuenta si hay cargas de tamaño y peso inferior. Sin embargo, la altura del almacen se aprovecha mucho más porque las cargas transmiten su peso a través de la estructura sin deformarse unas a otras y, por lo tanto, podemos ir poniendo más niveles de carga con las únicas limitaciones de la resistencia del suelo y estructura y del acceso con medios mecánicos.

De lo dicho se desprende que el aprovechamiento del suelo puede ser muy superior en el almacén con estructuras metálicas, ya que en la misma superficie podemos colocar más niveles de carga en altura. Sin embargo, un almacén sin estructuras tiene la ventaja de la flexibilidad total en la ocupación del volumen, ya que según se va vaciando la nave queda libre para ser aprovechada para otras funciones, mientras que la nave con estanterías, aun totalmente sin cargas, no puede ser otra cosa que un almacén vacío, pero ocupando todo el espacio como si estuviera totalmente lleno.

Almacenaje en compacto

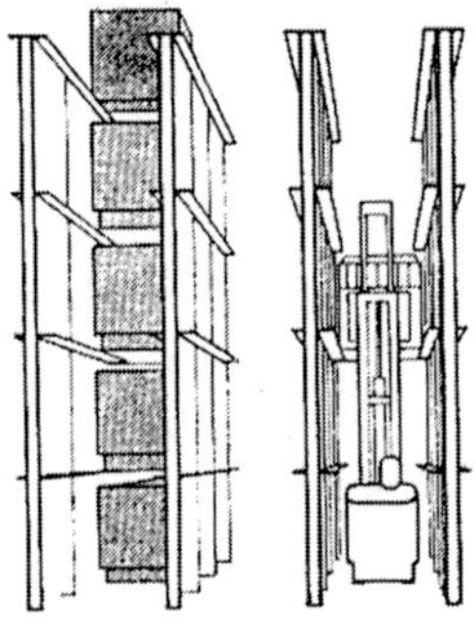

También llamado "drive in" porque la carretilla accede al interior a través de los huecos vacíos de las cargas. Es similar al almacenaje en bloques sin estanterías, manteniendo todas las diferencias explicadas para el almacenaje convencional.

Se trata de un conjunto de hileras de carga separadas por unos montantes de los que sobresalen a ambos lados una especie de ménsulas o soportes donde se deposita la paleta.

Estas ménsulas, que a veces van unidas por un larguero, están separadas de las del montante siguiente por una distancia tal que permita el paso de la carretilla y al mismo tiempo lo suficientemente juntas como para soportar ambos extremos de la paleta. Si esto no puede lograrse por ser ancha la carretilla o estrecha la paleta, puede ponerse un tejadillo protector más estrecho al operador o suprimir las ménsulas hasta el tercer nivel, colocando los dos primeros niveles de carga uno sobre otro en el suelo.

A veces es aconsejable situar a lo largo de los pasillos de carga topes en el suelo para guiar la máquina, a la que habremos dotado previamente de unas ruedas guía a ambos lados y a una altura cercana al piso.

Almacenaje dinámico por gravedad

El almacenaje en compacto ahorra mucho espacio, ya que no hay pasillos de acceso, sino que la carretilla entra por los huecos vacíos hasta llegar a las primeras cargas. Sin embargo, no hay accesibilidad a todas ellas y para llegar a una en concreto hay que sacar las anteriores.

En determinados productos, especialmente en los perecederos o con fecha de caducidad (alimentación, fármacos, etc.), hay otro factor muy importante, que es el tiempo que la mercancía ha de permanecer en el almacén. Es necesario aplicar el sistema "primero en entrar, primero en salir", es decir el primer palet que debe embarcar es el más antiguo, y este sistema no puede conseguirse en el almacenaje en compacto, ya que el que está en el fondo, prácticamente inaccesible, es el más antiguo (sistema "primero en entrar, último en salir").

Para conseguir sacar el más antiguo se organiza el compacto de forma tal que las cargas se depositan en una guía de rodillos con un ángulo de inclinación que hace que la paleta, al ser depositada en un extremo, vaya rodando hasta el otro extremo (de salida) o hasta que encuentra al resto de paletas depositadas en el mismo hueco del mismo nivel. Naturalmente hay un extremo del compacto llamado zona de alimentación, por donde se dejan todas las paletas; el otro extremo es el denominado zona de recogida, por donde se recogen para su expedición.

El ángulo de inclinación, la longitud de recorrido y el tipo de rodillos sobre los que las paletas se van deslizando dependen del tipo, dimensiones y peso de la unidad de carga.

Cuando las cargas son pesadas o los recorridos largos, se plantea el peligro de choque violento con el final de recorrido o con otros palets; en estos casos hay que recurrir a dispositivos de frenado.

Almacenaje dinámico motorizado

El sistema funciona igual que el de gravedad, pero, a diferencia de éste, no hay inclinación, sino que los rodillos giran impulsados por unos motores eléctricos y hacen deslizarse a la paleta hasta el final de su recorrido.

Estanterías móviles de accionamiento manual

Con el almacenaje dinámico hemos conseguido la rotación de las cargas dentro de cada nivel de tal forma que conserven al salir el mismo orden que al entrar, pero seguimos teniendo un problema de accesibilidad a las cargas, ya que sólo podemos coger la más antigua de cada hilera.

Este problema lo soluciona el almacenamiento con estanterías móviles. En este caso las cargas no se mueven, pero sí las estanterías, que se deslizan sobre unos rodillos especiales y se separan para dar acceso a las cargas. Una vez hecha la estiba, se vuelve a cerrar el pasillo para abrirlo en otra posición. Naturalmente este sistema manual tiene limitaciones en cuanto al peso de las cargas y al conjunto de la estructura, pero aprovecha el espacio y ofrece accesibilidad total. Por contra es lento en cuanto a operatividad y caro en cuanto a instalación.

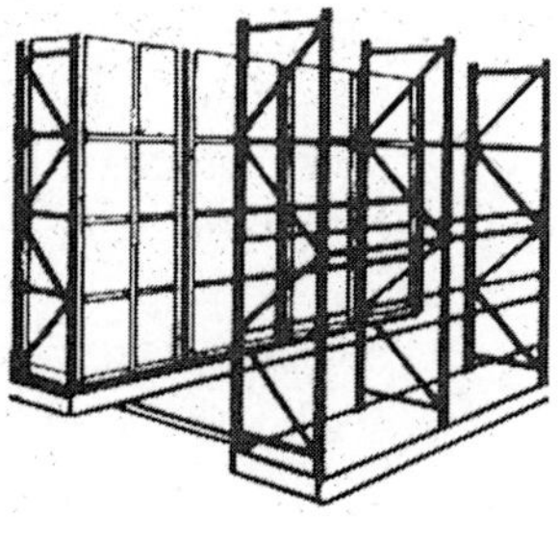

Estanterías móviles autopropulsadas

Vistas las limitaciones para mover las estanterías manualmente, en cuanto a capacidad de arrastre de una persona, se han ensayado varios métodos para moverlas mecánicamente. Las estanterías autopropulsadas permiten estibas de mayor peso y al mismo tiempo acortan sensiblemente la duración de cada ciclo de trabajo y por lo tanto aumentan la productividad.

Existen diversos sistemas de arrastre, unos situados en las estanterías y otros que, con dispositivos hidráulicos y cadenas o cables, tiran de ellas. Predominan los sistemas eléctricos, aunque los hay hidráulicas o neumáticos. Los controles se sitúan en las uniones de cada bloque y el operador pulsa la del pasillo elegido sin bajar de la carretilla. Una vez pulsado, el control permite la abertura del pasillo cerrando el que estuviera abierto. Sistemas de seguridad ópticos o mecánicos impiden el cierre de un pasillo si éste no está totalmente libre de obstáculos.

Como el movimiento de las estanterías al desplazarse sobre el carril es lento, algunas instalaciones operan con mando a distancia por radio, de tal forma que cuando la carretilla llega al pasillo elegido éste se encuentra abierto y totalmente listo para comenzar la maniobra.

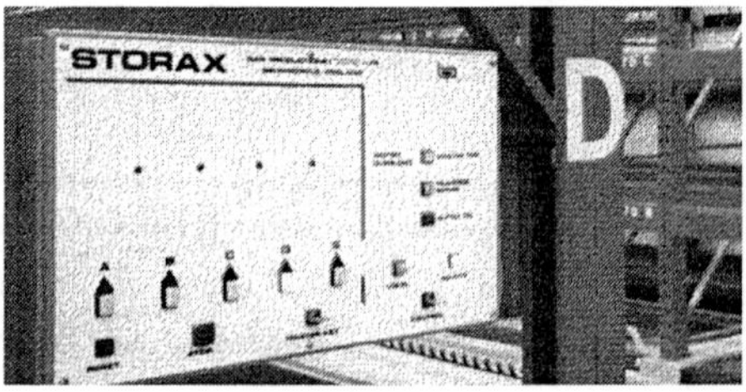

Tipos especiales de estanterías

Hemos visto los distintos sistemas de acceso de la carga a las bandejas de las estanterías; pero, en función de la forma y las características de las unidades de carga, las bandejas pueden ser también especialmente diseñadas para alojar este tipo específico de cargas.

Hay largueros especiales para apoyo de bidones, bobinas o rollos de cartón, papel o cable con unos patines que no permiten que la carga ruede. También las hay con unas cunas especiales para bobinas de acero de gran peso. Hay estructuras que llevan soportes ramificados en los montantes (cantilever) para depositar tubos, perfiles y otras cargas de gran longitud; estanterías con ménsulas especiales pra cristaleros (caballetes); también hay estanterías de tamaño especial para depositar alfombras o rollos de papel manejados con vástago.

Tolerancias en el cálculo de las carretillas

Cuando queremos determinar las medidas de un mástil, necesitamos saber la altura del último nivel de carga y añadirle las tolerancias. Si la estantería está construida, el problema se reduce a elevar un palet a la altura del último nivel y situarle 100 mm por encima de la bandeja. Una vez allí medimos desde la cara superior de la horquilla al suelo y tendremos la altura mínima de elevación. También podemos medir la altura de la última bandeja y añadirle la altura de la cara inferior de la plataforma al suelo (hemos dicho que la paleta normalizada europea tiene 127 mm) y a éstas sumarles una tolerancia de 100 mm. Por ejemplo: altura de la última bandeja 5.000 mm, altura máxima de elevación: 5.000 + 127 + 100 = 5.227 mm.

Si lo que tenemos es una nave y tenemos que calcularle al cliente el número de paletas que puede almacenar, procederemos de la siguiente forma:

1. Mediremos longitud, anchura y altura útil de la nave.
2. Mediremos las tres dimensiones de la unidad de carga (paleta + carga) y determinaremos el peso máximo.
3. Determinaremos el último nivel de carga estableciendo por cada nivel la siguiente dimensión: altura de unidad de carga + grosor del larguero (100 mm) + tolerancia (100 mm). Si esta dimensión la vamos multiplicando por los distintos niveles, nos dará la medida del último nivel posible. Si la carretilla va a ser retráctil, habrá que incrementar al último nivel la altura de las patas si la carga es más ancha que la medida de la separación interior de las mismas. Deberemos tener en cuenta que hay unas normas para la altura máxima aprovechable que el mismo cliente nos podrá

comunicar en cuanto al espacio a reservar en la parte superior de la nave para puntos de luz, ventilación, conductos de agua, instalaciones contra incendios, etc.

4. Una vez que sabemos peso máximo y altura máxima, determinamos la carretilla elevadora en función de su capacidad residual.
5. Conociendo la máquina y la unidad de carga, calculamos el pasillo de estiba práctico y, sumándole el doble del fondo de un módulo de carga más una tolerancia de 100 mm, tenemos la anchura ocupada por cada pasillo con sus cargas accesibles.
6. Por otro lado, calcularemos el ancho de cada módulo. Normalmente llevan dos paletas por módulo, por lo que multiplicaremos por dos el ancho de la paleta y añadiremos ancho de un montante (100 mm) y tolerancia paleta-paleta y paletas-montantes (300 mm).
7. Teniendo estas medidas, podemos cubicar el almacén con unos tanteos en cuanto a disposición de los pasillos y aprovechamiento de puertas y columnas.

Con todo ello habremos determinado el número aproximado de huecos para paletas que pueden instalarse en una nave con una desviación de +/– 5%.

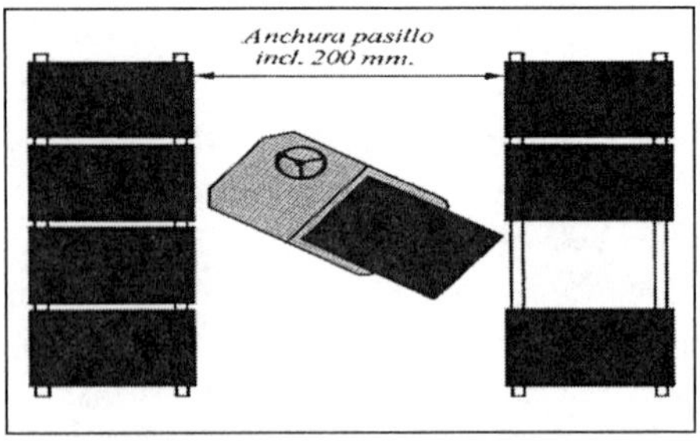

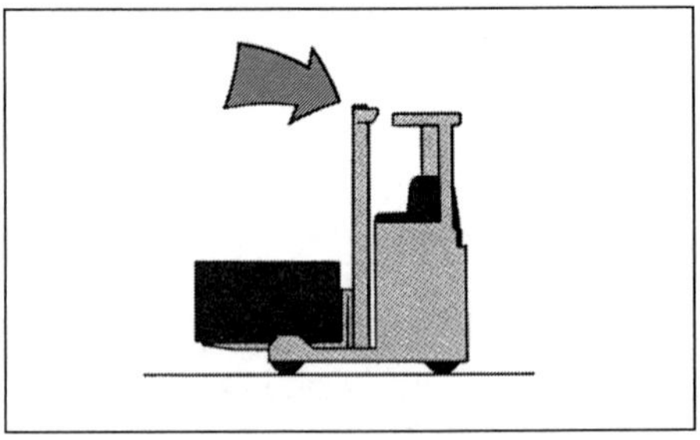

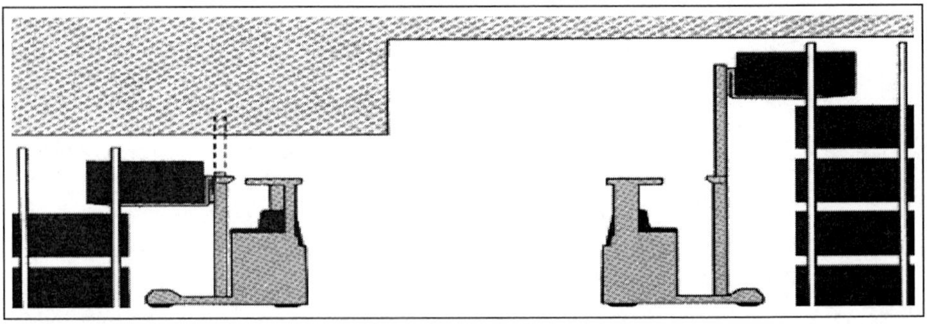

3. Diferencias entre los diversos sistemas

Como puede suponerse no hay un sistema que sea definitivo. Hay una respuesta distinta para cada problema. Lo realmente difícil es dar con la solución que se adapte más a nuestras necesidades, para lo cual hay que establecer prioridades en cuanto a accesibilidad, rotación, aprovechamiento de altura o superficie, velocidad de acceso, costo por paleta/día, etc.

En productos muy caros, como pueden ser los farmacéuticos, el costo de cada paleta al día puede ser absorbido perfectamente; sin embargo, la rotación y el rápido acceso debe ser prioritario, pueden almacenar una gran cantidad de específicos y tenerlos muy accesibles con un almacén de estanterías autopropulsadas. El caso opuesto es el de un almacén de terrazo o materiales de construcción. El costo del hueco por día puede incrementar el costo de la paleta en un porcentaje elevado y su rotación no es importante, ya que los materiales de construcción no tienen caducidad, por lo que en este caso se puede almacenar sin estanterías y en bloque.

Lo realmente importante es saber cómo funciona el proceso productivo y de almacenaje o de distribución del cliente, para aconsejarle la mejor solución. Teniendo en cuenta sus prioridades y dentro de esa solución, hay que incluir el o los medios mecánicos necesarios.

No olvidemos que el costo del almacén con sus gastos de mantenimiento, operativos y de amortización dividido por cada hueco nos da el costo por hueco, pero no siempre el hueco está ocupado por una paleta, por lo que para repercutir los costos sobre cada paleta necesitamos saber la ocupación media. Al dividir los costos por la ocupación media podemos conocer el costo por paleta/año. Dividiendo por los días hábiles sabremos el costo paleta/día. De esta forma podremos imputar a cada paleta el gasto de almacenaje por cada día que permanece en el almacén. De estas operaciones deducimos que un alto nivel de rotación en un almacén es fundamental para reducir costos y que la capacidad real de un almacén no es la cantidad de huecos disponibles, sino el número de paletas/día que mueve.

1.6.1.4. Almacenes automatizados

Cuando se habla de la automatización de un almacén o de un almacén automatizado, se habla de un almacén cuya ***gestión y control está automatizado,*** es decir, las decisiones son ***programadas previamente obedeciendo un fin predeterminado***

mediante la adopción de un sistema lógico. Por lo tanto, no confundiremos la automatización de un almacén con la automatización de ***determinados medios mecánicos que forman parte del mismo,*** como los elementos de transporte interno, filoguiados, transelevadores, grúas automatizadas, etc., los cuales efectúan las tareas iterativas con notable eficacia y gran ahorro de mano de obra, ***pero no controlan ni gestionan el almacén.***

Los elementos filoguiados pueden ser de transporte o de elevación. Los medios empleados para el desplazamiento son comunes para ambos sistemas. En un principio eran de arrastre por cable con selección de itinerario mecánico. Posteriormente fueron incorporando la tracción a los propios transportes y siendo conducidos mediante un "trolley" que se introducía en una guía-carril empotrada en el suelo y que suministraba alimentación de energía y dirección. Más tarde fue incorporada la fuente de energía (baterías recargables) a los medios mecánicos. Con la adopción de los sistemas de guiado por inducción se pudo enterrar el carril de guía y reducirlo a un simple cable situado unos milímetros por debajo del piso.

Existen otros sistemas de dirección por células y lectores que son más versátiles en contra del sistema de cable enterrado, que requiere obra en su instalación y es totalmente rígido.

En cuanto al mecanismo ***automático de elevación***, se suele emplear la célula lectora de reflectantes o lector de código para la selección de pasillo y mando ***preselector de niveles de altura*** para la colocación de la paleta. El sistema de preselección de altura también puede ser por ***microinterruptores, por cinta, por contador de vueltas, por lector o célula.***

Todos trabajan de la misma forma, aunque con distintos medios. Cuando las horquillas suben, un mecanismo va midiendo el desplazamiento del mástil, tablero y horquillas y al llegar a la altura seleccionada disminuye la velocidad mediante un último tramo de deceleración controlada hasta su detención total. En ese momento inicia la maniobra, automática también, de estiba o desestiba. La selección de la altura sufre una ligera variación para carga o para descarga, ya que la altura de las horquillas al introducirlas en la paleta para descargar, es distinta a la altura de las horquillas al situar la paleta en la estantería (de 100 a 150 mm, aproximadamente).

El automatismo o automatización del almacén, es decir la gestión del almacén, se hace con la ayuda de la informática.

En un principio la gestión era "off line", es decir, el ordenador central enviaba la información a un periférico a través de cintas magnéticas o tarjetas perforadas. En el periférico se leían y mandaban a ejecutar. El tratamiento de la información en este sistema se hace por lotes *(batch processing)*. Con este tratamiento el ordenador central recibe periódicamente la información y la compara con la que ya posee.

Los cambios en cada una de las referencias procesadas son detectadas y actualizados y posteriormente pueden generar nuevos pedidos o cambios en los *stocks*. También pueden generar listados de documentos de expedición, preparación de pedidos, previsiones, análisis de rotación, tendencias, etc.

Control directo

Llamado también "on line", significa que, a diferencia del sistema "off line", en el que existe un elemento soporte de datos intermedio, los elementos de clasificación y preparación están directamente conecatdas con las máquinas de control y proceso de datos sin que exista ese elemento o intermedio.

La gestión de *stocks* se hace en tiempo real, es decir, no existe ningún desfase entre los movimientos del almacén y la información procesada. Naturalmente, al haber un solo elemento procesador y diversos periféricos manejando la información ha habido que recurrir a la multiprogramación.

Como la gestión se hace en tiempo real, cualquier información puede ser solicitada y visualizada en pantalla o listarla por impresora. Con la aparición de los miniordenadores y microordenadores tipo PC (*personal computer* u ordenadores personales) la tarea se simplificó mucho, ya que los PC trabajando en red *(network)* con un miniordenador central facilitaba la conexión "on line" por su mayor flexibilidad y compatibilidad, así como su facilidad para recibir órdenes y retroalimentar información *(feedback)*.

El sistema de control de existencias en un almacén automatizado determinará el movimiento de los elementos de manutención entre las estanterías, el cual, a su vez, depende de la rotación y el volumen de las existencias, así como de las condiciones de preparación de pedidos.

El control de existencias por ordenador permite el almacenaje de acceso aleatorio, ya que actúa tan rápido en la localización que las mercancías pueden colocarse en la posición óptima para el rendimiento del aparato estibador, ya sea "on line" u "off line", informa al elemento de estiba sobre los casilleros libres que se crean en la zona asignada a una referencia. Colocada la paleta, el código del hueco queda registrado en una cinta, disco o tarjeta perforada *(off line)* o se alimenta directamente a la unidad central de proceso de datos *(on line)*.

Para un gran movimiento de mercancías y una amplia gama de productos, de velocidad de salida variable, suele resultar económico dividir cada estantería en tres o más secciones, de modo que las de más rotación se hallen en los extremos. Estas divisiones son flexibles y alterables según las variaciones estacionales, reprogramando el ordenador.

Si la rotación de los productos es claramente diferenciada (unos con estancias de días y otros con permanencia de meses), pueden ser separados por estanterías enteras, marcando zonas también netamente diferenciadas.

1.6.1.5. Manutención, transporte interior de cargas

La última parte a estudiar es la del transporte interior y manipulación de cargas. Hay que dejar bien claro que al decir transporte exterior o interior no nos referimos al interior o exterior de un edificio o almacén, sino que transporte exterior es el efectuado entre distintos centros o almacenes, ya sea por carretera, ferrocarril, barco o avión. El transporte interior es el efectuado por los medios de manutención mecánicos, aunque esta labor se efectúe en una explanada al aire libre o en una campa moviendo contededores.

Una vez que termina el recorrido de las mercancías mediante el transporte exterior, hay que transvasarlas a un almacén para su estocaje y posterior manipulación, elaboración, transformación, montaje o expedición. Esta labor de transvase se denomina *faena de carga y descarga.*

Debido al aumento de los costos del transporte, el tiempo que permanecía un camión parado mientras se efectuaba la labor de carga o descarga era un factor encarecedor que había que suprimir. Los suministradores de mercancías, conscientes de la necesidad de abaratar el transporte, optaron por mecanizar la carga por medio de la paletización. Los camiones llegaban paletizados a su destino y allí se esfectuaba la descarga manual.

Para evitar estas situaciones los suministradores trataron de obligar a mecanizar la descarga en un principio y más tarde a incentivar la descarga mecánica. Se trataba de cobrar a un precio la mercancía mecanizando la descarga y, si empleaban medios manuales, cobrar otro precio en el que se repercutía sobre el producto no sólo el porte, sino el tiempo calculado de demora en la maniobra.

En las grandes compañías no existía este problema, ya que eran conscientes de la necesidad de mecanizar las maniobras de carga y descarga.

En la actualidad, prácticamente todas las industrias, depósitos o almacenes realizan el manejo de las cargas con transpaletas, apiladores, carretillas elevadoras o puentes grúa. El lugar donde se realizan estas maniobras de transvase de mercancías se denomina muelle de carga o descarga.

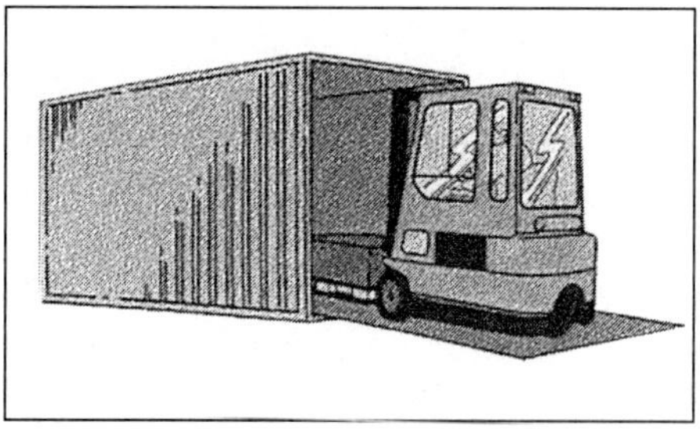

1.6.1.6. Muelles

Son los lugares destinados a recepcionar o expedir las mercancías. Pueden ser de varios tipos.

Por la altura de la carga pueden dividirse en:

1. Muelle a nivel del suelo.
2. Muelle a distinto nivel.
3. Muelles compensados.

1. Muelles a nivel de suelo

No requieren ningún tipo de instalación, solamente la previsión de espacio suficiente para las maniobras de las carretillas y camiones. En caso de recibir varios al mismo tiempo o realizar difíciles maniobras, es conveniente hacer marcas de pintura en el suelo. En este tipo de muelle no puede hacerse la descarga con transpaleta y para apilador puede presentar dificulad. Es caso obligado el uso de la carretilla contrapesada.

La maniobra puede efectuarse por los laterales o por parte trasera, ayudados por una transpaleta manual que dentro del camión nos acerca la carga al borde si éste no dispone de carriles deslizadores.

El tipo de descarga desde el suelo y por los laterales es el más rápido de todos los sistemas.

2. Muelle a distinto nivel

Este sistema permite que el medio de descarga empleado penetre dentro del camión, contenedor o vagón. Las máquinas más empleadas son transpaletas, apiladores y pequeñas carretillas.

Los problemas que puede plantear este tipo de manipulación son, para las transpaletas eléctricas, el acceso por la rampa de unión muelle-camión, ya que las ruedas de pequeño diámetro difcultan su acceso. Esta rampa de unión es necesaria debido a la distinta altura de la caja de los camiones a causa de la posición de los amortiguadores cuando los mismos están cargados o han efectuado la descarga. Esta variación de altura hay que niverlarla con la del muelle, que, al ser fijo, necesita que la rampa de acceso al camión vaya cubriendo esas diferenciadas evitando inclinaciones de más de un 8 ó 10 por ciento.

En cuanto a los apiladores, el problema es igual que el de las transpaletas más el de la altura del mástil replegado. En los camiones con toldo, cubiertos, contenedores o vagones, para poder acceder al interior y hacer la estiba tienen que disponer de mástiles de elevación libre.

Las carretillas tienen menos problemas con la rampa de acceso, pero, en cuanto al mástil, también tienen que llevar elevación libre.

Las carretillas elevadoras de tres ruedas cuando van sin carga pueden hundir la rueda trasera en el piso de un camión si éste no lo tiene en buenas condiciones; por eso es aconsejable cuatro ruedas y neumáticas.

1.7. MÁQUINAS. COMPONENTES

1.7.1. Chasis

Los chasis de las carretillas elevadoras pueden ser, básicamente, de dos tipos: los que tienen dos partes diferenciadas, bastidor y carrocería, y los que lo tienen unitario o de una sola pieza.

Los primeros, al igual que en automoción, pueden unir ambas partes mediante tornillos o puntos de soldadura.

Los chasis unitarios o de una sola pieza están construidos soldando todos los componentes hasta hacer un conjunto único, rígido y completamente uniforme. Las tensiones y esfuerzos se reparten por igual y no se transmiten a través de tornillos o uniones que por ser la parte más débil acaban por ceder y modificar la estructura y con ello afectar al resto de los órganos de la máquina.

1.7.2. Contrapeso

Es la pieza que, unida al chasis mediante tornillos, le suministra a la carretilla estabilidad para mantener y elevar la carga colocada sobre las horquillas.

Si bien todas las carretillas tienen chasis de cualquiera de las clases, no todas las carretillas llevan contrapeso.

Las transpaletas, apiladores y algunos selectores de pedido no necesitan llevar contrapeso, ya que no llevan en ningún momento la carga en "voladizo", por el contrario, la llevan entre los dos ejes, teniendo que vigilar solamente la estabilidad transversal. En las carretillas retráctiles, ya sean de carga frontal o lateral, aunque cuando tienen el mástil adelantado se comportan como una carretilla contrapesada a efectos de estabilidad, no necesitan de un contrapeso propiamente dicho, ya que el propio peso de la estructura y de sus órganos les da suficiente apoyo para evitar el vuelco frontal o lateral.

En las carretillas de carga frontal los contrapesos suelen ser intercambiables entre los modelos de construcción semejante, por lo que suelen ser fácilmente desmontables y en la mayoría de los casos fijados con tornillos fácilmente accesibles. Esta característica permite que en ocasiones sean desmontados para acceder fácilmente a determinados órganos para su mantenimiento o reparación.

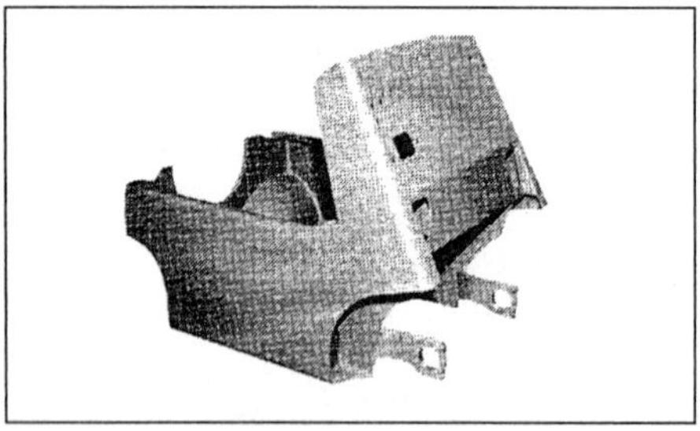

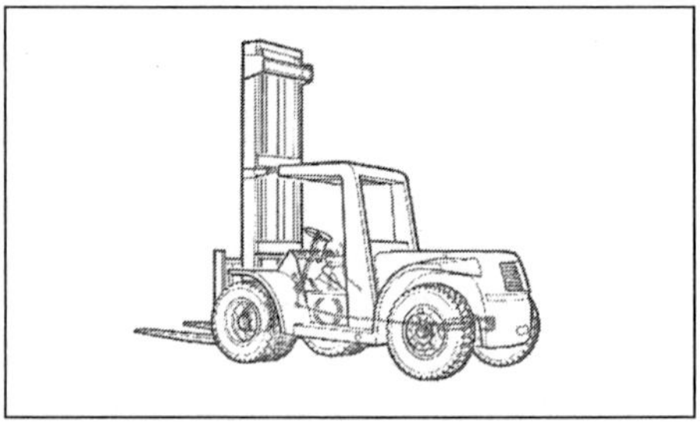

1.7.3. Sistema de tracción

Este sistema es el que permite que la carretilla se desplace con o sin carga y que pueda efectuar su trabajo.

Consta de cuatro partes principales:

1. Motor.
2. Transmisión (térmicas) o control (eléctricas).
3. Diferencial.
4. Reducción final.

1.7.4. Motores

El motor es el corazón del sistema. Sin el motor de tracción nada funcionaria en las máquinas térmicas; en las eléctricas sólo habría elevación, pero no traslación, por lo que no podrían efectuar ningún trabajo.

Un motor es un dispositivo capaz de transformar un tipo de energía en otro y que a su vez puede efectuar un trabajo. En los motores térmicos se transforma la energía química de un hidrocarburo como la gasolina, el gasoil o el gas propano-butano (GLP Gas) en energía cinética, que a su vez proporciona movimiento de tracción o elevación para efectuar un trabajo.

En los motores eléctricos es la energía eléctrica la que es transformada en energía cinética capaz de efectuar el trabajo.

En ambos casos transformamos energía en trabajo, bien al elevar o bien al trasladar una carga.

En las carretillas elevadoras se usan básicamente motores de tracción eléctricos y térmicos diésel o de gasolina (en su versión pura —menos utilizados— o en su versión de gas propano-butano).

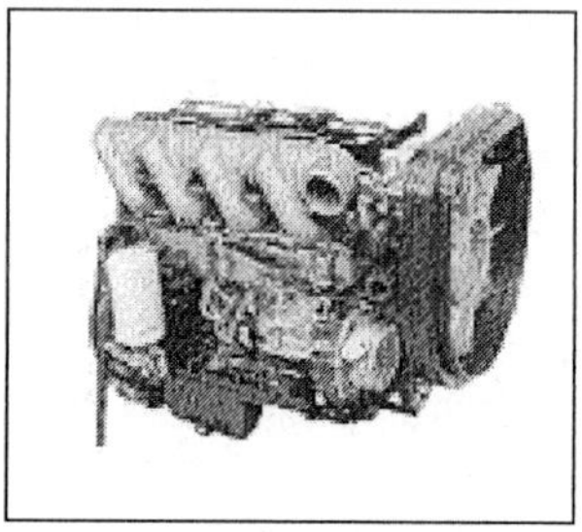

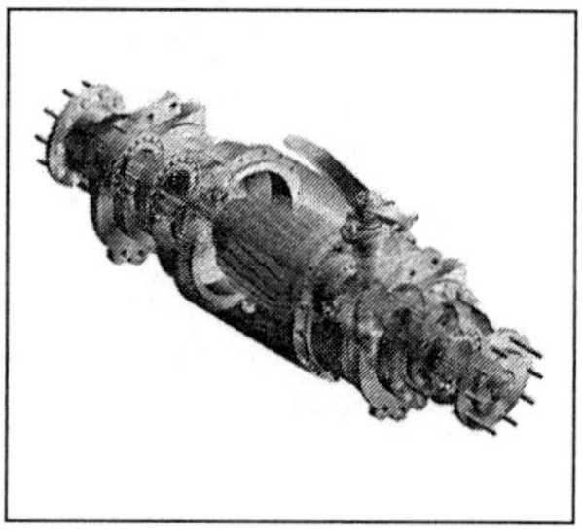

1.7.4.1. Motores térmicos

Pueden ser de combustión (gasoil o diésel) o de explosión (gasolina). Estos últimos pueden funcionar también indistintamente con gas propano-butano acoplándoles el sistema de alimentación adecuado.

1.7.4.2. Motores diésel

Son montados en carretillas de carga frontal o carga lateral que trabajan generalmente en exteriores.

A partir de 4 ó 5 t de carga, todas las carretillas suelen ser térmicas y en su mayor parte diésel.

Características a tener en cuenta a la hora de comparar motores diésel:

1. Par motor.
2. Potencia.
3. Tipo de inyección.

1. Par motor

La fuerza expansiva de la combustión del gasoil al ser inyectado en un cilindro proyecta al pistón, que hace girar al cigüeñal. Esta fuerza, multiplicada por el brazo del cigüeñal, nos da el par motor. Cuanto mayor es el brazo del cigüeñal, mayor es el recorrido por el pistón y por consiguiente mayor será el par motor. También se incrementará el par motor con el aumento del otro factor, es decir con el aumento de la fuerza de cada "pistonada" que puede conseguirse incrementando el volumen del cilindro, la relación de compresión, la presión efectiva, el sistema de inyección, etc.

Sin embargo, al aumentar el recorrido del pistón no todo son ventajas. También nos aumentará el diámetro del cigüeñal y tendremos un motor más voluminoso; asimismo tendremos más resistencia para subir de revoluciones de motor, por presentar una mayor inercia o resistencia de las piezas en movimiento, así como una mayor velocidad de desplazamiento del pistón.

Como en las carretillas elevadoras, por sus características de continuas paradas y arrancadas, se necesita un gran par a muy bajas revoluciones. El factor a valorar siempre será el de un par motor máximo al mínimo de revoluciones, ya que, cuando alcancemos un régimen alto de motor, el principal esfuerzo ya ha sido hecho y deberemos volver a decelerar. En la mayoría de los casos el régimen de utilización media de un motor está cercano al primer tercio del máximo de vueltas alcanzables por el motor.

2. Potencia[1]

La potencia del motor es un factor importante, pero menos que el par motor. También hay que ligar el factor potencia al de las vueltas del motor (curva de potencia) debido al régimen de utilización medio del que hablamos en el apartado anterior.

3. Tipo de inyección

El sistema de alimentación de combustible en los motores diésel puede ser básicamente de dos formas:

— Inyección directa.
— Inyección indirecta.

Inyección directa. El inyector lanza a alta presión el gasoil directamente contra la cabeza del pistón cuando éste está subiendo durante el tiempo de compresión. El chorro de gasoil forma un torbellino y se inflama al tiempo que se mezcla con el aire, comprimido y a una temperatura elevada.
Esta inflamación (combustión) del gasoil por efecto de la elevada temperatura, provocada por la altísima presión del aire, es lo que proporciona la fuerza que empuja al pistón en su carrera descendente y nos suministra la energía necesaria para producir un trabajo.
Este sistema toma el nombre de directa porque el chorro de combustible incide directamente sobre la cabeza del pistón. Hay otros sistemas en los que el chorro de inyección pasa por una cámara previa, son los llamados sistemas de inyección directa.
Inyección indirecta. Antes de entrar el combustible en la cámara de combustión se mezcla parcialmente con el aire en una cámara previa llamada cámara de precombustión, y la inicia. Al inflamarse la mezcla, pasa violentamente a los cilindros, donde termina de mezclarse con el resto del aire y de quemarse por entero. La diferencia entre este sistema y el inyección directa es básicamente que en este sistema lo que

[1] La potencia de un motor es el par motor por el número de revoluciones por minuto.

Par motor = Fuerza x Brazo Cigüeñal
(kilómetros) (kg) (metros)

$$\text{Potencia} = \frac{\text{Par motor x R.P.M.}}{716}$$
(caballos) (kilográmetros)

entra al cilindro no es un chorro de gasoil, sino un chorro de mezcla muy caliente que favorece la mezcla total. La mezcla previa puede ser efectuada en cámara previa, auxiliar separada o acumulador de aire.

En cuanto a su resultado práctico, las ventajas de la ***inyección directa*** son ahorro de combustible y facilidad de arranque en frío, incluso sin bujías de calentamiento. Las ventajas del sistema de ***inyección indirecta*** son las de inyección a menor presión, funcionamiento más suave, sin sacudidas y más silencioso.

En definitiva, cuando se comparan dos motores diésel los factores más importantes a observar son las curvas de potencia y par motor, en especial a bajas revoluciones, y el sistema de inyección. También son importantes los niveles de ruidos y emisión de gases de escape.

1.7.4.3. Motores de explosión

A diferencia de los de combustión, los motores de explosión no inflaman la mezcla, sino que la hacen explotar, una vez comprimida, por mediación de una chispa. Éstos necesitan una instalación eléctrica y una batería para su funcionamiento.

La alimentación de los motores de explosión puede hacerse por gasolina o por gas butano.

Este último se hace por medio de bombonas semejantes a las caseras, pero que suministran el gas licuado hasta el vaporizador. Desde aquí el combustible es enviado en forma de gas hasta el carburador, donde, al igual que en el caso de la gasolina, se mezcla con el aire para ser introducido a través de los colectores de admisión en los cilindros.

Los datos importantes a la hora de comparar los motores de explosión son la curva de par y la curva de potencia. Como en los motores diésel, el par motor es conveniente que sea muy alto a bajas revoluciones. A estos efectos es válido lo explicado en los motores de combustión.

Diferencias entre ambos sistemas

La principal diferencia entre los sistemas de **combustión y de explosión** es el combustible empleado, gasoil en la combustión y gasolina o GLP en el sistema de explosión.

En los ***motores diésel*** la relación de compresión es muy elevada, con objeto de inflamar el gasoil a medida que es inyectado (entre 12:1 y 22:1).

En los ***motores de gasolina*** no es necesaria una compresión tan elevada, pues es una chispa eléctrica la que hace explotar la mezcla (entre 8:1 y 11:1). Precisamente el efecto de la combustión de la mezcla antes de saltar la chispa a causa de la alta compresión llamado detonación debe ser evitado en los ***motores de gasolina*** elevando el octanaje de la misma a base de tetraetilo de plomo y otros compuestos tan contaminantes como él.

Debido a esta elevada compresión, los ***motores diésel*** tienen que ser más resistentes, soportar mayores sacudidas y vibraciones y ser lubricados por un aceite más resistente a las altas presiones y temperaturas.

Los ***motores diésel*** son más pesados y costosos. El rendimiento de los motores diésel es mayor que los de gasolina (gasolina = 25% aprox. contra el 35% aprox. en diésel).

El consumo específico del gasoil por caballo/hora es del 65 al 70 % aprox. del consumo de los ***motores de gasolina***.

Los ***motores diésel*** son más contaminantes en cuanto a residuos solidos; sin embargo, los ***motores de gasolina*** liberan gases mas tóxicos, debido sobre todo a la menor oxigenación de la mezcla y a los derivados del plomo. A causa de ello se utiliza el gas propano-butano que realiza una mejor mezcla y no contiene plomo.

Diferencias entre gasolina y GLP

La principal diferencia entre los dos combustibles viene dada por la diferente condición de ambos.

El ***GLP es un gas*** que, sometido a alta presión, se presenta en forma líquida para su manipulación. Una vez liberado de esta presión y ya convertido en gas, se mezcla perfectamente con el aire.

Por el contrario, la ***gasolina es un líquido*** que tiene que ser pulverizado en el aire y esta mezcla nunca resulta del todo homogénea. A consecuencia de todo ello el funcionamiento del GLP es más suave y sin tirones y es mayor su resistencia a la detonación y al autoencendido.

Cuando la mezcla de ***gasolina*** es excesivamente rica, por ejemplo al arrancar en frío, las gotas de gasolina sin quemar se condensan y diluyen el aceite de lubricación. Esto no ocurre con el GLP, por lo que el aceite lubrica mejor y los períodos de cambio son más dilatados.

El ***gas es más limpio*** y no forma residuos ni carbonillas. El mantenimiento es menor.

El ***costo de GLP es menor*** que el costo del gasoil y mucho menor que el de la gasolina.

1.7.4.4. Transmisiones

Una vez que disponemos de la fuerza que nos proporciona un motor, necesitamos transferir la misma hasta las ruedas de tracción, para lo cual necesitamos un dispositivo que pueda controlar el par motor y al mismo tiempo conectarlo y desconectarlo según los requerimientos de cada operación.

Los sistemas de transmisión más empleados en las carretillas elevadoras térmicas son:

1. Transmisión mecánica.
2. Transmisión hidráulica.

1. Transmisión mecánica

Se efectúa a través de una caja de engranajes. Los distintos engranes entre piñones y ejes de diferente número de dientes cambian los desarrollos y proporcionan el par deseado. Existen dos tipos básicos de engrane:

— Piñónes deslizantes.
— En toma constante.
— Tipo Wilson o de satélites.

Piñones deslizantes. El sistema de piñones deslizantes consta de una serie de piñones que se desplazan sobre sus ejes y engranan según la posición seleccionada por el operador. Es un sistema poco empleado.
Toma constante. Los piñones que transmiten el par no se desplazan y permanecen engranados continuamente. Sin embargo, giran locos sobre su eje y para transmitir el par tienen que ser fijados al mismo mediante otro piñón

llamado desplazador. Estos desplazadores mediante unos aros de contacto llamados sincronizadores ponen a los piñones locos a la velocidad de giro del desplazador antes de ser engranados, con objeto de que la toma de engrane no sea brusca.
Wilson o de satélite y planetarios. El movimiento se transmite a través de un conjunto de piñones solidarios con el eje llamados planetarios y otros envolventes con dientes interiores llamados coronas. Para unir a ambos tipos de engranajes, se sitúan unos piñones locos llamados satélites. Cuando por medio de unos embragues inmovilizamos una determinada corona, el resto del conjunto sigue girando. Cada corona frenada representa una relación de par distinta sin que los engranajes necesiten desplazarse.
Todos estos sistemas necesitan un dispositivo de embrague o acoplamiento que conecte o desconecte el motor de la transmisión. En las carretillas elevadoras actuales se emplean dos tipos:

— Embrague mecánico.
— Embrague hidráulico.

El **embrague mecánico** es un dispositivo que consta de un diafragma o plato de presión que, mediante unos poderosos resortes elásticos, presiona sobre un disco con el que se hace solidario, conectando de esta forma el motor con la transmisión.
Para desconectarlo se vence la fuerza de los resortes mediante la presión de un pedal (pedal del embrague) que actúa sobre el plato de presión a través de un cojinete o collarín de grafito. La conexión o embrague se hace de forma progresiva resbalando el plato de presión sobre el disco mediante la dosificación de la presión de áquel sobre éste.
Los embragues pueden ser **monodisco o multidisco,** y ambos **en seco o bañados en aceite** para favorecer el deslizamiento del plato según aumenta su presión sobre el disco.
El embrague mecánico es recomendado cuando la máquina tiene que empujar o arrastrar cargas.
El **embrague o acoplador hidráulico** es una turbina que gira con el motor lanzando aceite a gran velocidad (y por tanto con una gran fuerza) sobre un rotor que es solidario con la transmisión. La energía de las partículas del aceite vence poco a poco la inercia del rotor y consigue que ambos giren a la misma velocidad, es decir acoplando ambas partes solidariamente.

2. Transmisiones hidráulicas

Se llaman transmisiones hidráulicas aquellas que utilizan el aceite para hacer llegar la fuerza del motor a los ejes de tracción. Para ser hidráulica debe hacer la conversión de par además del acoplamiento hidráulico. En las carretillas elevadoras hay dos tipos de transmisiones hidráulicas o servotransmisiones:

— Hidrodinámicas o convertidores de par.
— Hidrostáticas.

Convertidor de par. Es un acoplador hidráulico con todos sus componentes, bomba y rotor, pero al que se le intercala un tercer elemento llamado reactor y que por su efecto nos produce la conversión del par. El reactor es una especie de rotor que gira loco sobre el eje y que se intercala entre el impulsor (bomba) y el rotor. Cuando se acelera el motor, el impulsor lanza las partículas de aceite a través del reactor para incidir sobre el rotor, que, a baja velocidad, recibe una gran cantidad de partículas de aceite y, por tanto, de energía.
El aceite retorna al impulsor y entonces la orientación de los alabes del reactor imprime un ángulo tal a las partículas que no frenan al impulsor. De esta forma la velocidad de las ruedas es baja y la potencia elevada. Según va aumentando la velocidad va disminuyendo el número de partículas que inciden en el rotor, hasta que se alcanza un punto en el que los tres elementos giran a la misma velocidad no habiendo prácticamente rozamiento.
Cuando la máquina pierde velocidad, el rotor comienza a girar más despacio y, como ya se ha explicado anteriormente, vuelve a aumentar la potencia de tracción.
Como hemos visto, en el convertidor se hace acoplamiento, conversión de par y desconexión (a ralentí las partículas pasan tan lentamente que no llegan a transmitir el par al rotor y la energía del motor se pierde en mover el aceite). Sin embargo, en el embrague hidráulico sólo se hace conexión y desconexión. En este punto es donde el reactor pone la diferencia. El embrague necesita de un convertidor mecánico, mientras que en el convertidor se efectúa la conversión hidráulicamente y de una forma automática y progresiva.
Se denomina **transmisión hidrodinámica** porque la energía del motor impulsa a las partículas de aceite (energía cinética) y éstas las transmiten al rotor al chocar violentamente con sus palas.

Transmisión hidrostática. Se llama así porque el aceite no se desplaza, sino que transmite la fuerza por presión de sus partículas permaneciendo éstas estáticas. El funcionamiento es el siguiente: el motor térmico de la carretilla carga una bomba hidráulica (motor hidráulico) que proporciona presión a un circuito. Este circuito termina en uno o varios motores cuyo giro es solidario con las ruedas. Estos motores, mediante un dispositivo de paletas orientadas, transforman la presión hidráulica en movimiento. Son estas paletas orientables las que proporcionan el control de la velocidad y del par.

Las transmisiones hidrostáticas pueden ser:

a) Integrales.

b) Divididas.

En el primero de los sistemas **(integral)** el motor hidráulico con su bomba substituye al conjunto de embrague y cambio de velocidades, pero no a la diferencial, al árbol de transmisión, ni a los semiejes, que permanecen como en el sistema de convertidor o de caja mecánica.

En el sistema de transmisión hidrostática **dividida,** no existen partes mecánicas entre motor y ruedas. El motor térmico de la carretilla impulsa la bomba hidráulica y a través de unos conductos la presión llega a los motores hidráulicos que son solidarios con las ruedas de tracción. Esta presión es la que transmite el par a los ejes sin que haya pérdidas por rozamientos ni partes mecánicas sometidas a desgastes.

Este sistema necesita de **dos aceleradores,** uno para el control hidráulico de la velocidad y otro para el motor térmico, por lo que el manejo de los mandos por parte del operador es inusual, sobre todo para quien tiene costumbre de conducir un automóvil, y en ocasiones muy complicado y difícil de dominar.

Diferencias entre los distintos sistemas

Entre los distintos modelos de carretillas elevadoras ya es difícil encontrar transmisiones mecánicas, salvo en el caso de necesitar tracción o para efectuar algún trabajo que requiera empujar cargas con frecuencia.

En los años 70 algunos fabricantes montaron **transmisiones hidrostáticas** en sus modelos. Algunas marcas tan conocidas como Caterpillar o Clark los mantuvieron algunos años, primero como estándar y después como opción. Actualmente han desaparecido prácticamente debido a su dificultad de control y los enormes problemas de mantenimiento cuando cumplen determinadas horas de uso, ya que las reparaciones son caras, requieren medios adecuados y personal altamente especializado.

Las **transmisiones hidrostáticas** presentan como ventaja el aprovechamiento prácticamente total de la energía suministrada, ya que no hay conexión mecánica, ni rozamiento, ni articulaciones mecánicas. Tampoco llevan reducciones ni diferenciales. Las desventajas principales, además de las apuntadas anteriormente, son la gran dificultad de control por tener que manejar varios pedales para la misma maniobra, y el mayor consumo de combustible, sobre todo en marcha lenta, a causa de la necesidad de sincronización del motor térmico con el motor hidráulico, no siempre bien conseguida.

El **convertidor de par** está más experimentado, es más robusto y prácticamente sin problemas de mantenimiento. Su reparación por desgaste es sencilla y no requiere medios especiales ni mecánicos expertos. También requiere la existencia de otros órganos, como diferencial, y en ocasiones reducción final.

A pesar de todo lo apuntado, la tendencia hacia el convertidor de par es abrumadora y en la actualidad los fabricantes de carretillas elevadoras prefieren este sistema, salvo en el caso de algunas marcas cuya razón principal es que la fabrican ellos mismos.

1.8. DIFERENCIAL

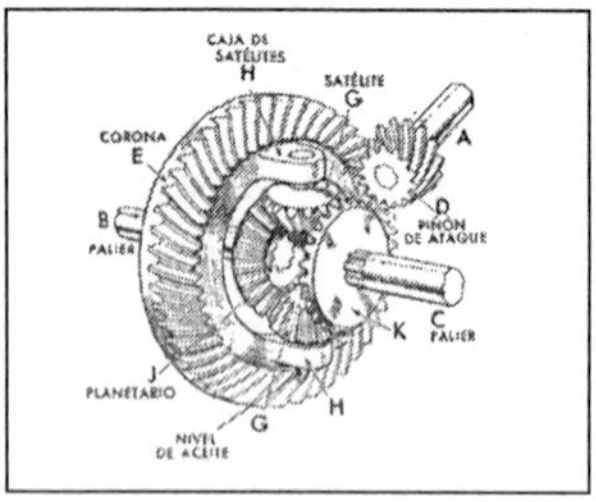

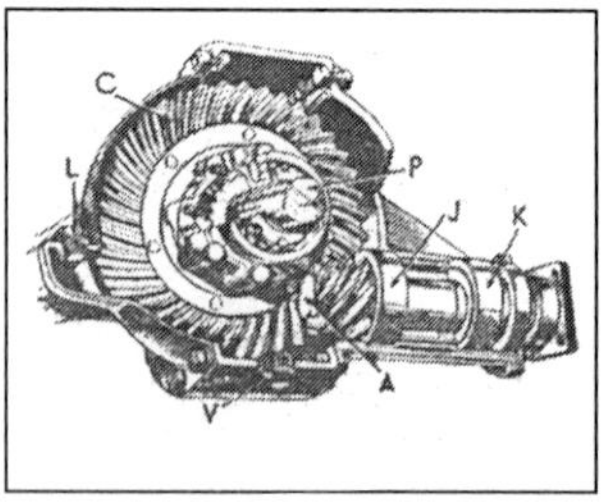

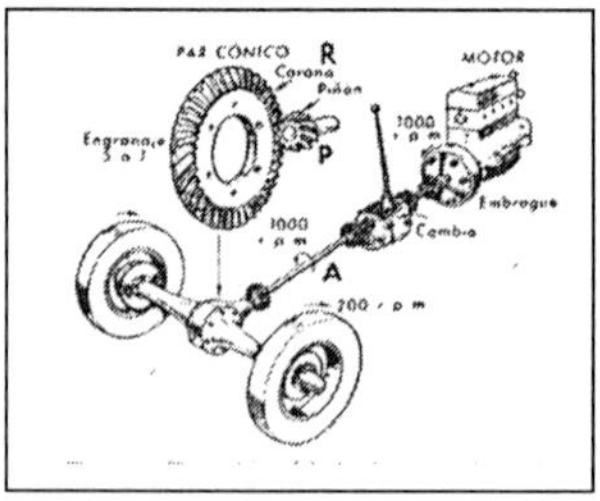

El tercer paso entre el motor y las ruedas es la **diferencial,** por supuesto que en las carretillas equipadas con transmisión hidrostática no es necesario, puesto que no hay unión mecánica entre motor y ruedas. Las funciones de la diferencial son las siguientes:

1. Cambiar la dirección del movimiento del eje de salida para poder acoplarlo al eje de tracción, y así llevar el par motor a las ruedas.
2. Proveer al sistema de una reducción adicional.
3. Por medio de un sistema de eje con engranajes del tipo corona-planetario-satélites reparte el esfuerzo a ambas ruedas de tracción, permitiendo el reparto del par de forma proporcional al movimiento que debe seguir cada rueda durante los giros de la máquina.

Las diferencias fundamentales que pueden presentar los engranajes diferenciales son relativas a la corona y al piñón de ataque.

Los sistemas de engrane de corona y piñón pueden ser:

a) **De dientes rectos.**
Son poco usados, ya que la superficie de contacto es total solamente en un punto del giro. En el resto disminuye o aumenta según su posición teniendo puntos donde el esfuerzo se centra en una superficie muy pequeña con gran peligro de rotura del diente, bien del piñon o de la corona.

b) **Engranaje helicoidal.**
En este tipo los dientes están tallados en espiral (helicoidales). En este sistema el contacto es casi permanente debido a la orientación de las superficies y por lo tanto la transmisión del par es prácticamente uniforme. Este engranaje es más duradero, más fiable y menos ruidoso que el de dientes rectos.

c) **Engranaje hipoide.**
En los dos sistemas descritos el piñón ataca a la corona a la altura de su centro, por lo que el peso del piñón, eje, carcasas y demás componentes están situados en esa misma altura. Si queremos rebajar el centro de gravedad de este conjunto tan pesado, para aumentar la estabilidad de la carretilla, deberemos tallar el piñón de ataque en forma hipoide para atacar a la corona en una zona más baja.

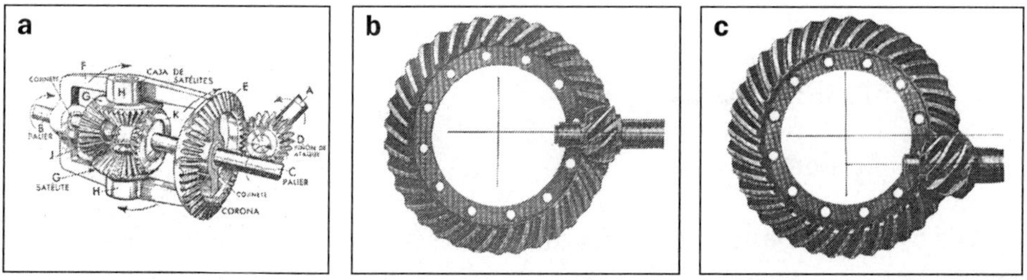

Con ello conseguimos, además de rebajar la altura del conjunto, rebajar el diseño del chasis y del resto de los componentes y con ello el centro de gravedad de la carretilla. Otra ventaja no menos importante es la de poder atacar a la corona con unos dientes más dimensionados, debido a esta posición baja, y por lo tanto el piñón puede ser de mayor diámetro (más robusto) y la zona de contacto para el mismo esfuerzo es mayor (menor presión y menor peligro de rotura).

1.8.1. Reducción final

El último paso en la transmisión del par desde el motor a las ruedas es el mecanismo de reducción final. Las carretillas elevadoras se mueven a poca velocidad, pero necesitan mucha potencia en las ruedas. Por ello, en general, es suficiente la reducción en la caja de engranajes. Tampoco podemos reducir el giro con un piñón de ataque excesivamente pequeño, ya que quedaría muy mermada su robustez. Deberemos hacer una última reducción mediante uno de los sistemas siguientes:

1. El primer sistema consta de un anillo con un engranaje interior (los dientes están situados en la parte interna del anillo) y éste está rígidamente fijado al cubo de la rueda de tracción. En el extremo del eje está situado un piñón en toma constante con el citado anillo efectuándose de esta forma la reducción.
2. El segundo sistema es el llamado de tipo planetario y se suele usar en las carretillas de gran tonelaje.
   Consiste en un engranaje planetario solidario con el diferencial y una caja de satélites en toma constante con éste. El anillo o carcasa de la caja de satélites está fijado al cubo de la rueda de tracción, efectuándose en la citada caja de satélites la reducción necesaria. Debido a la robustez del sistema se suele emplear en las carretillas elevadoras de gran tonelaje.

Algunas carretillas de gran tonelaje montan una reductora de velocidad en combinación con un diferencial estándar y que sustituye a la reducción planetaria final. La ventaja es que contiene menos piezas y el conjunto resulta más sencillo.

1.9. TREN DE RODADURA

1.9.1. Ruedas

Como en cualquier otro vehículo, las ruedas desempeñan tres funciones principales:

1. Las ruedas de tracción impulsan la carretilla proporcionando el movimiento de todo el conjunto.
2. Las ruedas de dirección están dotadas de mecanismos que permiten el giro controlado de las mismas sobre su eje vertical y que nos proporcionan la dirección de la marcha.
3. Todas las ruedas soportan el peso de la carretilla y de la carga transmitiéndolo el pavimento.

Además de estas tres funciones principales, las ruedas neumáticas y superelásticas nos suministran algo de amortiguación, de la que carecen las carretillas elevadoras, mediante su flotación o flexibilidad.

Principales tipos de ruedas

a) **Ruedas sólidas o bandajes.** Se llaman así porque son unas bandas o bandajes de goma sólida que rodean la llanta cuyo borde es totalmente plano. Se usan preferentemente en sitios con el suelo totalmente llano.
b) **Ruedas neumáticas.** Las cubiertas son del tipo normal de automación, es decir, de goma elástica con aire en el interior. Las llantas son dos mitades unidas mediante tornillos o bien mediante un aro de retención. Su utilidad es grande en exteriores y, cuando el suelo no es plano o uniforme, absorben bien las deficiencias del terreno y suministran con su flotación una ligera suspensión. Suelen ser de mayor anchura y diámetro que los bandajes, por lo que pueden circular por cualquier terreno.

a

b

Sin embargo, al ser de mayor dimensión, el paso de rueda es mayor que las de bandaje y como consecuencia las ruedas directrices giran menos y necesitan mayor pasillo de estiba.

En consecuencia las **ruedas neumáticas** tienen **a favor**:

— Mayor agarre.
— Mejor suspensión.

Y **en contra**:

— Menor estabilidad en altura.
— Mayor pasillo de estiba.

c) **Ruedas superelásticas.** En ocasiones se necesitan las características de las ruedas neumáticas. Sin embargo, el trabajo ha de realizarse en zonas donde hay objetos que pueden pinchar con frecuencia los neumáticos, como restos de botellas, recortes de chapa, trozos de cerámica, etc. Para evitar las molestias de los frecuentes pinchazos se montan en las llantas de los neumáticos unos especiales en los que el aire se ha sustituido por una mezcla de goma elástica que, manteniendo casi las mismas características del neumático, evitan el riesgo de pinchazos. Éstos son denominados neumáticos superelásticos.

d) **En transpaletas y apiladores** las ruedas delanteras suelen ser unos bandajes de reducidas dimensiones y de goma dura, Vulkollan o similar. Montados en tándem o unitarios, pueden considerarse más rodillos que ruedas propiamente dichas.

c

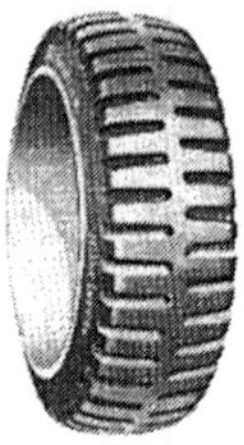

d

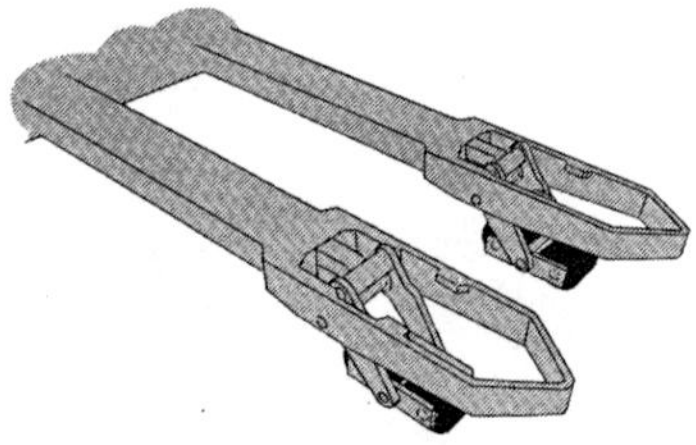

1.10. EJES

Las máquinas térmicas soportan la carga sobre el eje de tracción, al igual que las eléctricas contrapesadas. En estos casos la transmisión del par desde el diferencial a las ruedas se hace a través de los ejes o palieres, salvo en el caso de las transmisiones hidrostáticas o de aquellas que tienen la tracción en el eje directriz, como, por ejemplo, las eléctricas de tres ruedas.

Estos ejes pueden ser de tres tipos:

1. **Flotante.** Todo el peso de la máquina y su carga se transmite directamente a la rueda que va anclada al chasis; el palier está totalmente libre y puede ser desmontado sin quitar la rueda.
2. **Semiflotante.** La rueda está montada en el palier y éste sufre todo el peso de la carga. Para sacar el palier hay que calzar la máquina y sacar la rueda.

3. **Mixto.** El peso se reparte entre la rueda y el palier por ser una combinación de ambos sistemas. Hay que quitar la rueda para sacar el palier.

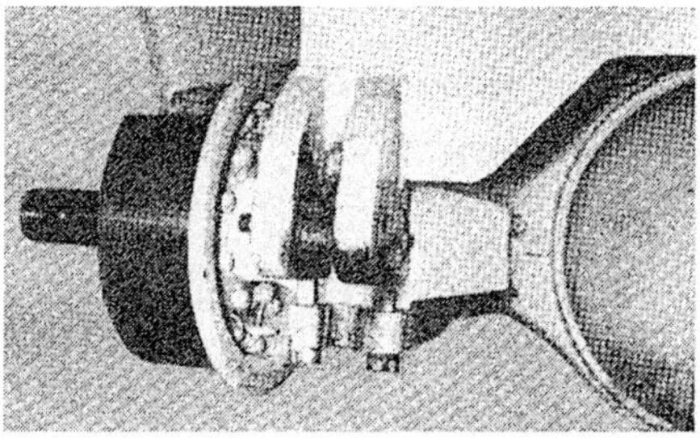

Para una carretilla elevadora que necesite para la tracción palieres o ejes de tracción el **sistema mejor es el flotante,** por estar sujeto a un menor esfuerzo.

1.11. SISTEMA HIDRÁULICO

Para la elevación y manipulación de la carga es necesario un sistema que nos suministre fuerza, control, versatilidad y flexibilidad para aumentar o disminuir el número de servicios.

Existen varios sistemas:

— **Electromecánico.** Un motor eléctrico alimentado por batería o red suministra fuerza a un dispositivo mecánico, cable, tornillo sin fin, etc., que eleva la carga. Es muy poco empleado, suele usarse en algún apilador de poca capacidad de carga.

— **Hidráulico.** Es el sistema empleado por la mayoría de las carretillas, apiladores o transpaletas. Puede considerarse como el sistema usado en la practica totalidad de los sistemas de manutención una vez abandonados los viejos sistemas de cable.
Un sistema hidráulico consta de las siguientes partes:

- **Depósito.** Sirve para almacenar el fluido hidráulico. Puede ser integral con el chasis o desmontable.
- **Sistema de impulsión.** Es el sistema que se emplea para mover la bomba de presión. En una máquina **térmica** suele ser una polea, correa, eje o engranaje la que suministra la fuerza desde el motor térmico. Esto quiere decir que el flujo hidráulico depende del régimen de revoluciones de

este motor, por lo que debe haber un sistema que corte la tracción cuando necesitemos acelerar para conseguir presión y al mismo tiempo permanecer parados.

- En una máquina **eléctrica,** es un motor eléctrico el que suministra la fuerza a la bomba hidráulica y no una conexión con el motor de tracción como ocurre en las térmicas. En este caso la servodirección suele tener su propio circuito alimentado por bomba y motor independiente.

1.11.1. Bomba hidráulica

Es un dispositivo que transforma la fuerza recibida de un motor en presión hidráulica para alimentar los circuitos de elevación, inclinación u otros servicios auxiliares.

Hay varios sistemas de conseguir esta presión:

1. **Bomba de engranajes.** Un engranaje que recibe el movimiento está encerrado en un recipiente en toma constante con otro engranaje igual pero que gira loco impulsado por el primero. Cuando ambos giran, crean detrás de los dientes una depresión y delante una presión. Encauzado de forma conveniente, mantenemos la presión en los circuitos hidráulicos.
2. **Bomba de rotor.** En este caso los dos engranajes están situados uno en el interior del otro. El interior tiene un diente menos, por lo que al girar el diente "no ocupado" va creando una depresión y posteriormente una presión que es aprovechado como en el caso anterior.
3. **Bomba de paletas.** Dentro de un cilindro o cuerpo de bomba gira una excéntrica con dos paletas deslizantes opuestas y separadas por un resorte que les obliga a mantenerse apretadas contra las paredes del cuerpo de bomba. Al girar van haciendo vacío por una parte y comprimiendo el aceite por la otra, creando una presión en el circuito mientras continúe el giro.
4. **Bomba de émbolo.** El cuerpo de bomba tiene dos válvulas, una de admisión y otra de salida. Un émbolo presiona la cámara aumentando la presión y abriendo la válvula de salida y vuelve a llevar el cuerpo de bomba con aceite que entra por la válvula de admisión. Su funcionamiento es similar a la alimentación de un motor térmico.

Como resumen podemos decir que cualquier sistema es bueno; no obstante, los mas empleados en carretillas suelen ser de **engranajes y paletas,** por su sencillez y bajo mantenimiento.

1.11.2. Filtrado

Hay, entre otros muchos sistemas, dos que destacan: el filtrado tipo **pantalla (metálico)** que intercala un dispositivo formado por una o varias mallas metálicas dentro del circuito del aceite y el de tipo **micrónico** o de cartucho reemplazable de papel, que intercala en el circuito un dispositivo de papel poroso plegado recubierto por un cilindro metálico con multitud de orificios por donde pasa el aceite.

Las **ventajas** del filtro mecánico son:

— puede ser limpiado y volver a utilizarse,
— soporta muy bien las altas presiones y temperaturas del sistema hidráulico.

Las **desventajas** son:

— el costo del filtro es muy elevado,
— no retiene las pequeñas partículas contenidas por el aceite.

Las **ventajas** del **filtro micrónico** o de papel son:

— filtrado prácticamente total de hasta 50 micras (una micra es una milésima de milímetro),
— buena respuesta de filtrado a altas temperaturas y presiones,
— el costo de su reposición es bajo.

Las **desventajas** son:

— no puede ser limpiado para usarlo de nuevo. Debe ser reemplazado cada cierto tiempo según el tipo de trabajo que haga la carretilla.

Para evitar que el aceite al estar frío y por lo tanto muy denso no pueda circular a través de la capa de papel extremadamente tupida y reduzca de esta manera la presión en el circuito, los filtros llevan un **muelle válvula (*by–pass*)** que en estos casos abre unos orificios por donde sale el aceite. De esta forma atraviesa un prefiltro o malla de acero inoxidable que filtra un 60% de las impurezas. Cuando el aceite sube de temperatura, pierde presión el muelle, vuelve a su sitio y el flujo se orienta a través del filtro total.

1.11.3. Colocación del filtro

El filtro puede ser colocado en cualquier parte del recorrido del aceite. Cada una de ellas tiene sus ventajas y sus inconvenientes.

Básicamente son tres las zonas:

— antes de la bomba **(zona de succión),**
— después de la bomba **(zona de presión),**
— en el depósito del aceite **(zona de retorno).**

1.11.4. Zona de succión

Se coloca antes de la bomba y en zona cercana a ella y sus características son:

— Ventajas:

- Protege a la bomba de las impurezas que se encuentran en el depósito o de las que pudieran introducirse al llevar o añadir hidráulico en el mismo.

— Inconvenientes:

- No produce un filtrado satisfactorio cuando el hidráulico está muy viscoso (por ejemplo, con tiempo frío) por efecto de la baja temperatura del mismo.
- La posibilidad de formación de burbujas de vapor con el peligro de que la bomba gire en vacío y resulte dañada. Para prevenir esta circunstancia se hace necesaria una válvula de *by-pass* que evite que el aceite frío circule por la totalidad del filtro. Esta válvula protege el sistema, pero evita un perfecto filtrado bajo estas condiciones, pues en ocasiones "cala" la superficie donde han quedado atrapadas las impurezas y las introduce al circuito.

1.11.5. Zona de presión

En este caso el filtro se coloca inmediatamente después de la bomba y antes de que alcance los elementos integrantes del circuito.

— Ventajas:

- Los elementos del circuito quedan protegidos de las impurezas del depósito y de las producidas por la propia bomba en su continuo rozamiento.

— Inconvenientes:

- El elemento filtrante debe ser robusto y aguantar las altas presiones que existen en esa zona (la de mayor presión por estar junto a la bomba).
- El mayor inconveniente es que la bomba queda desprotegida de las posibles impurezas introducidas en el depósito o generadas por los propios elementos integrantes del circuito.

1.11.6. Filtro situado en el depósito

En este caso el filtro está situado en la parte alta del recipiente que recoge el aceite una vez que ha circulado por todos los componentes del sistema y retorna al depósito.

— Ventajas:

- Al estar situado en zona de muy baja presión, prácticamente filtra durante todo el tiempo la totalidad del hidráulico.
- El peligro de cabitación (formación de burbujas) desaparece.

— Inconvenientes:

- Cualquier impureza que se añada al circuito pasará por la bomba y por todos los componentes antes que por el filtro. Para prevenir este peligro se coloca el filtro en la boca de llenado, con objeto de que pase por él todo el aceite añadido antes de llegar al depósito.

Zonas de colocación de los filtros

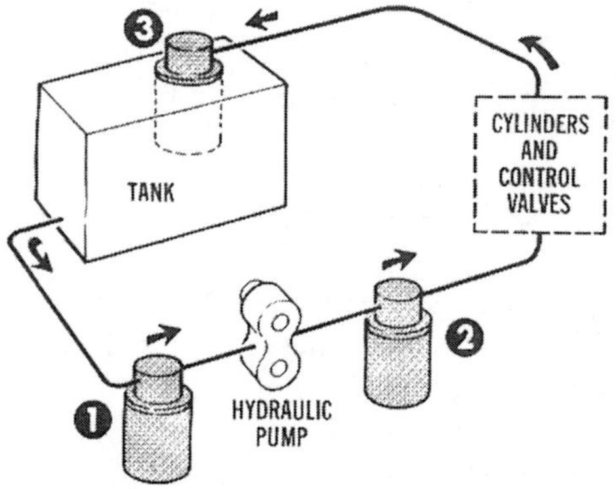

1.12. SISTEMA DE ELEVACIÓN

La presión del sistema hidráulico actúa sobre los cilindros de elevación o de inclinación que transmiten el esfuerzo a la carga a través del tablero portahorquillas y de las horquillas.

Los componentes del sistema de elevación son:

1. **Mástil.** Consiste en dos o más perfiles metálicos montados verticalmente de forma que uno se desliza sobre otro en forma escalonada e impulsados por unos cilindros hidráulicos. El deslizamiento se hace mediante láminas o rodamientos. El perfil interior permite que por su parte interna se deslice el tablero que mantiene las horquillas, que a su vez mantienen la carga. Este deslizamiento se hace posible debido a que el tablero lleva cuatro o seis rodamientos que lo guían a lo largo de todo el recorrido.
2. **Cadenas.** Los cilindros de elevación, que se mueven por mediación de la presión del circuito hidráulico, empujan las cadenas a través de una polea por la que circulan las mismas. Por un extremo están sujetas al mástil y por el otro se fijan al tablero portahorquillas y a la carga.
3. **Cilindros de elevación.** Son dispositivos en los que la presión del circuito hidráulico empuja un vástago que se desplaza fuera del cilindro metálico donde se encuentra alojado. Este vástago montado verticalmente es el que a través de las cadenas eleva el tablero y la carga.
4. **Cilindros de inclinación.** Gran parte de las carretillas elevadoras necesitan para estibar inclinar las horquillas hacia atrás o hacia delante unos grados. Esto se consigue inclinando el mástil, el tablero o las horquillas mediante unos cilindros hidráulicos en el primer caso o mediante un pistón o una leva accionados hidráulicamente en los otros dos. El cilindro de inclinación es como el de elevación, pero de dimensiones más reducidas.
5. **Tablero portahorquillas.** Es una solida pieza de acero que soporta las horquillas con la carga. A su vez va guiada mediante unos cojinetes o rodamientos por la parte interior de los perfiles del mástil. El movimiento de elevación se consigue al empujar el cilindro principal de la cadena fijada al tablero y al deslizarse éste por dichos perfiles. Sobre esta pieza se monta la rejilla de protección de la carga. Sus dimensiones están normalizadas por la FEM.
6. **Horquillas.** Son unas piezas de acero especialmente resistentes con las que se maneja la carga. A veces se requiere el uso de implementos especiales mecánicos o hidráulicos.

   La unión del tablero se hace mediante dos sistemas: tipo **gancho** para las máquinas de poca capacidad y de tipo **pasador** para las de mayor capacidad de carga. Las primeras se cuelgan del tablero mediante un reborde en el borde del talón y las de tipo pasador mediante un orificio transversal situado en el mismo sitio que es atravesado por un pasador situado también transversalmente en el tablero.

Existen otros tipos de horquillas, como las envolventes de las transpaletas y apiladores que van soldadas al tablero o las telescópicas que se deslizan para dejar la carga.

1.12.1. Mástiles

Son las partes principales del sistema de elevación que veremos ahora con detalle.

a) **No telescópicos.** Son mástiles que tienen un solo perfil por donde sube el tablero portahorquillas impulsado por el cilindro. Actualmente sólo los montan algunos apiladores, ya que su única ventaja es su simplicidad y su bajo costo.

b) **Telescópicos.** Para conseguir una gran elevación son necesarios unos perfiles de gran longitud que son un obstáculo para pasar por puertas, debajo de tuberías o instalaciones eléctricas o hidráulicas. En este caso, para conseguir un replegado bajo se recurre al empleo de mástiles telescópicos que engarzan varios perfiles deslizándose uno debajo de otro. Cuando sube el tablero por el perfil interno, éste va deslizándose a lo largo del perfil exterior sumando sus alturas. Cuando desciende el tablero, el perfil se recoge dentro del exterior quedando un replegado bajo. Si necesitamos más altura con el mismo replegado, pondremos un perfil o dos más engarzados de la misma forma y con el mismo funcionamiento.

c) **Elevación libre.** Los mástiles telescópicos tienen dos medidas importantes: la altura de elevación cuando está totalmente extendido y la de replegado cuando está el tablero portahorquillas en el suelo. Sin embargo, la mayoría de los mástiles pueden alcanzar una altura de elevación sin que la altura del replegado se halla modificado. A esta altura de elevación se le denomina elevación libre.

   Es muy utilizada cuando hay que estibar en espacios de poca altura como contenedores, camiones, túneles, almacenes de poca altura, etc., y en general en sitios donde hay que elevar con peligro de que el perfil interior toque en la parte alta, techo, cercha, etc.

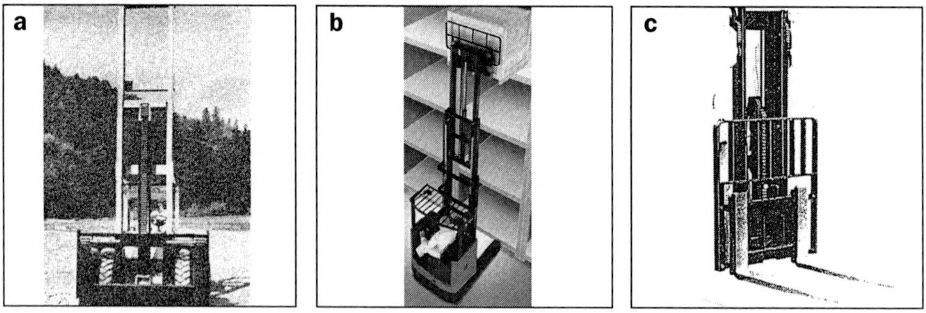

Esta elevación libre puede ser:

— **Estándar.** Es una pequeña elevación libre entre los 100 y 250 mm, suficiente para elevar el palet y trasladarlo sin que sobresalga el mástil interior.
— **Media elevación libre.** Tienen una mayor elevación libre y permiten la estiba en almacenes de techo bajo.
— **Elevación libre total.** No sale el perfil interior hasta que la parte alta del tablero comienza a sobresalir del mástil. Se emplean en contenedores, camiones cerrados, vagones de ferrocarril, cerámicas, etc.
— **La calidad de un mástil,** a la hora de compararlos, está en la calidad de sus componentes y en el sistema empleado. Para comparar mástiles deberemos examinar tres partes importantes: situación de cilindros y cadenas, tipo de perfil, y por último sistema de deslizamiento.

Cilindros y cadenas

Además del tipo de cilindros y cadenas que veremos más adelante, deberemos calificar su colocación en el mástil en función de la visibilidad y la protección de los elementos. Los cilindros antiguos eran gruesos e iban colocados en el centro impidiendo la visibilidad frontal. Los mástiles más modernos llevan dos finos cilindros de elevación junto a los perfiles, en lugar de uno grueso en el centro. Las cadenas están situadas también en los laterales, bien protegidas, en lugar de restar visibilidad en el centro. Además de mejor visibilidad, los dos cilindros reparten mejor el esfuerzo.

Perfiles

Los hay laminados en frío o laminados en caliente. Son preferibles los primeros. El tipo de perfil también influye en el rendimiento del mástil y su resistencia a los esfuerzos y tensiones. El diseño del engarce de un perfil con otro debe ser de una gran superficie de contacto. Las dimensiones de la sección de un mástil deben ser mucho mayores en sentido longitudinal a la máquina que en sentido transversal, que serán lo más estrechas posibles para aumentar su visibilidad frontal.

Sistema de deslizamiento

Las distintas tolerancias que deben existir entre los perfiles interiores y exteriores que permiten el movimiento de subida y bajada deben ser ajustadas tanto transversal como frontalmente mediante uno de los siguientes sistemas:

- **Placas de fricción.** Entre las partes o superficies en rozamiento se colocan unas placas especiales llamadas placas de fricción abundantemente lubricadas con grasa consistente. Cada cierto tiempo necesitan ser reemplazadas.
- **Rodillos planos.** Para evitar el rozamiento y desgaste excesivo, así como el mayor consumo de energía, se montan unos rodillos entre los perfiles que permiten a los mismos deslizarse rodando en lugar de hacerlo rozando. Al ser rodillos planos hay que montarlos por parejas. Por cada uno que rueda longitudinalmente, otro tiene que absorber los movimientos transversales. Pueden ser de lubricación permanente o con engrase periódico.
- **Rodamientos angulados.** Son rodamientos con el borde de contacto en forma redondeada en lugar de plana. En lugar de ser fijados con el eje perpendicular, se montan con un determinado ángulo de inclinación con objeto de que puedan ajustar frontal y transversalmente. Con ello se evita tener que colocar un segundo rodamiento, además de ofrecer en este caso un mejor ajuste.

1.12.2. Cilindros y cadenas

Hay básicamente dos tipos de cilindros hidráulicos, los de doble efecto y los de **simple efecto.** Estos últimos se utilizan cuando el retorno se asegura al abrir una válvula de descarga y por efecto de gravedad el fluido hidráulico vuelve al depósito. Un ejemplo de ello es el cilindro de elevación.

Sin embargo, no todos los cilindros pueden actuar así. El de inclinación de mástil, desplazamiento lateral y servodirección deben emplear la presión del circuito en ambas direcciones. En estos casos la presión debe actuar en ambos sentidos entrando en el cilindro por dos sitios diferentes, por eso se denominan de **doble acción.**

Los cilindros de simple acción pueden ser de dos tipos, **de pistón o de émbolo.** En el primero el **pistón** está situado dentro del cilindro conteniendo una empaquetadura que previene de las pérdidas del líquido mediante un sellado hermético. Las paredes del cilindro deben estar perfectamente pulidas y el pistón fabricado con mínimas tolerancias que aseguren una suave operación al aplicar la presión. La parte final del vástago también llevará otra empaquetadura que evite la fuga del líquido.

El otro sistema emplea un **émbolo** en lugar de un pistón, por lo que no necesita empaquetaduras herméticas entre el émbolo y las paredes del cilindro. Cuando se aplica la presión al émbolo, éste es obligado a salir. El único sellado que se hace necesario es en el punto donde el émbolo sobresale del cilindro. Este sistema sólo puede utilizarse como simple efecto y suele usarse como cilindro de elevación.

Cilindros de inclinación

La colocación de los cilindros de empuje para inclinar el mástil puede efectuarse en la zona media con el eje de giro en la zona baja. En la zona baja con el eje de giro del mástil en la zona media o en la zona alta del mástil (a la altura del tejadillo protector del operador) con el eje de inclinación del mástil en la zona baja. Este último es el sistema empleado en las máquinas de mayor tonelaje. Otros sistemas bloquean el movimiento del mástil e inclinan mediante unas levas el tablero portahorquillas o las propias horquillas.

Cadenas

Están encargadas de transmitir el esfuerzo del hidráulico al tablero portahorquillas y de esta forma elevar la carga. Hay dos tipos de cadena: **de rodamiento o de láminas (hojas).** Las cadenas de **rodamientos** son un engranaje de pequeños rodillos como las de bicicleta o motocicleta. Son indicadas para transmisión de esfuerzos a gran velocidad por su facilidad para plegarse, pero menos útiles para tensiones lineales como en carretillas elevadoras. Las que son adecuadas para carretillas son las formadas por **láminas u hojas** formando paquetes de gran resistencia al tiro, aunque no son adecuadas para girar con velocidad, pero ese esfuerzo no es requerido en este tipo de máquinas.

1.12.3. Válvulas

Válvula de control principal

Tiene por objeto dirigir el flujo hidráulico desde la bomba hasta los distintos servicios (elevación, inclinación, servodirección, etc.) para de esta forma realizar un trabajo.

Al mover la palanca de elevación se vence la presión del resorte y se cierra la línea del circuito de retorno abriéndose la del cilindro de elevación y permitiendo que la presión efectué la elevación correspondiente.

Válvula de control de cilindros de inclinación

La acción de los cilindros de inclinación está controlada por una válvula desde donde se alimenta y se recoge el fluido hidráulico sirviendo de regulador de seguridad a esta parte del circuito.

Válvula divisora de flujo

Divide el flujo total en dos circuitos, primario y secundario. Su objetivo es mantener la presión asegurada en aquellos servicios considerados más importantes. Cuando la presión sobrepasa el límite del circuito primario, la válvula abre paso al secundario.

Válvula de descenso

Controla el flujo del retorno hidráulico del circuito de elevación. Si el tablero baja a mayor velocidad de la prefijada, esta válvula restringe el paso del líquido manteniendo en el descenso la máxima velocidad de seguridad.

1.12.4. Tableros portahorquillas

Las diferencias que pueden establecerse entre los distintos tableros hay que buscarlas en estos puntos:

- Tipos de anclaje.
- Rodamiento guía.
- Robustez/Visibilidad.

Tipo de anclaje

Hay básicamente tres tipos. El tablero con horquillas soldadas suele ser el estándar para apiladores y transpaletas. El tablero tipo gancho en el que las horquillas van colgadas al mismo se monta en las máquinas de pequeño tonelaje, hasta cinco o seis toneladas. En las máquinas de medio y gran tonelaje el tablero utilizado es el de tipo pasador. Todos ellos fueron explicados anteriormente.

Rodamientos guía

El tablero tiene una parte que es guiada por el carril de deslizamiento del perfil interno. Generalmente lo hace por medio de rodamientos que pueden ser 4 ó 6, con engrase permanente o no, angulados o rectos.

Robustez / Visibilidad

Debe tenerse en cuenta la solidez y robustez, que no debe perjudicar la visibilidad a través del mismo.

1.12.5. Presión del circuito

Por último, la presión del circuito está en consonancia con el caudal necesario en el mismo. Para un gasto grande necesitaremos un gran caudal. Si los servicios o la instalación no están suficientemente dimensionados, la presión deberá ser alta con el consiguiente peligro de fugas en componentes, racores, etc.

1.13. SISTEMA DE FRENOS

Como cualquier otro vehículo automóvil, una carretilla elevadora necesita un sistema que sea capaz de reducir su velocidad y de conseguir su detención total. Para ello necesitamos transformar la energía cinética del móvil en trabajo o en otro tipo de energía aprovechable o no, como por ejemplo el calor. En este ultimo caso, si no lo aprovechamos tendremos que disiparlo sin perjudicar ninguna pieza o componente de la carretilla.

Los sistemas empleados en las carretillas elevadoras pueden ser dos:

— Acción electromagnética.
— Fricción o rozamiento mecánico.

1.13.1. Frenos de acción electromagnética

Las transpaletas, apiladores, carretillas contrapesadas, retráctiles, torres, selectores de pedidos y en general todas las carretillas de accionamiento eléctrico y equipadas con controlador electrónico de velocidad, suelen emplear como freno de servicio la inversión de marcha en el motor de tracción.

El funcionamiento es el siguiente:

Conduciendo en cualquier dirección, puede ser seleccionada la marcha inversa. En ese momento es enviada una corriente al motor de tracción, el cual intenta girar en sentido contrario. Debido a la inercia de la máquina no puede conseguirlo de forma instantánea, sino que progresivamente va frenando al motor hasta que lo detiene totalmente. A partir de ese momento comienza a girar en sentido contrario. De esta forma se obtiene una frenada eficaz, suave y muy efectiva.

La potencia de frenada puede ser regulada por el acelerador. Presionando el pedal a fondo la corriente que enviamos al motor es máxima y la frenada es enérgica. Si presionamos en menor medida, la frenada será más suave. De esta forma podemos controlar la intensidad de las deceleraciones.

Las ventajas son obvias. Al no haber piezas en rozamiento, no hay desgaste y, por lo tanto, disminuyen los costos de mantenimiento.

1.13.2. Frenos de fricción o rozamiento

La energía cinética acumulada en un móvil es transformada en calor mediante el rozamiento de dos superficies que pueden unirse o separarse a voluntad.

La efectividad de un freno de rozamiento está en relación directa con dos factores. El primero con la superficie de contacto y el segundo con el coeficiente de rozamiento de los materiales que se unen para efectuar la frenada. Estas partes en contacto se refieren no sólo al mecanismo de freno, sino también a la unión neumáticos–suelo.

Otro factor muy importante en los sistemas de freno es la **resistencia a la fatiga.** El calor acumulado en las superficies de contacto modifica las características de los materiales y su coeficiente de rozamiento, perdiendo capacidad para el frenado. A este fenómeno se le conoce con el nombre de fatiga. Si la acumulación de calor es excesiva, la temperatura puede elevarse a tal punto que los materiales empleados pueden cristalizar, perdiendo toda capacidad de freno. Por esa circunstancia es muy importante la evacuación del calor situando los elementos en zonas muy ventiladas y empleando superficies de contacto muy dimensionadas y bien refrigeradas.

Un sistema de freno se compone de dos partes bien diferenciadas:

— El mecanismo de freno.
— El sistema de accionamiento.

— **El mecanismo de freno.** Es el encargado de efectuar la conversión de energía cinética en calor por medio de la fricción de los distintos materiales. Suele estar colocado en los ejes o en la transmisión.

— **El sistema de accionamiento.** Es el empleado para hacer llegar el esfuerzo del operador hasta los citados mecanismos, bien en forma mecánica, eléctrica, hidráulica, neumática o servoasistida.

1.13.3. Mecanismos de freno

Hay tres formas de organizar los mecanismos de freno, mediante:

— Mordaza o presión.
— Disco o pinza.
— Tambor o expansión.

— **Freno de mordaza.** La parte fija abraza a la parte móvil presionando como una mordaza que al ir cerrándose progresivamente limita su movimiento hasta su detención total. Hoy prácticamente no se utilizan en automoción. En transpaletas y apiladores suele usarse con accionamiento electromagnético, actuando sobre uno de los ejes motrices o directamente sobre el motor.

— **Freno de disco.** En esta ocasión es un disco el que gira. La parte que contiene los forros de freno, es decir la parte que produce el rozamiento, es una pinza que presiona sobre las caras laterales de dicho disco.

Hay dos tipos distintos de pinza:

- De doble acción.
- De reacción.

- **Pinzas de doble acción.** Hay un cilindro de freno (bombín) en cada uno de los dos brazos de la pinza. Ambos están unidos a la misma conexión hidráulica. La pinza permanece fija y los dos cilindros actúan en forma independiente sobre el disco.
- **Pinzas de reacción.** Sólo hay un cilindro de freno en cada una de las pinzas. Al presionar sobre el disco, la pinza, por efecto de reacción, es atraída hacia el mismo y le presiona por ambas caras. En este caso las pinzas no permanecen fijas, sino que tienen un pequeño movimiento que acerca o separa del disco al brazo que no tiene cilindro hidráulico.

— **Freno de expansión o de tambor.** Un cilindro hueco o tambor metálico es solidario con el cubo de rueda. Dentro de éste, un cilindro de freno o bombín presiona a unos brazos oscilantes o zapatas contra la pared interior del tambor a través de unos forros de material especial de alto coeficiente de rozamiento y gran resistencia a las altas temperaturas. Esta expansión de los brazos sobre el interior del tambor es lo que produce el rozamiento y como consecuencia el efecto de frenada.

Efecto duoservo o frenos autoenergizados

En los frenos de tambor, debido al ángulo de ataque de la zapata al tambor, la que abre en oposición al movimiento de la rueda, se "clava" en el citado tambor oponiéndose con más fuerza a ese movimiento y por lo tanto frenando con más energía. Éste es el efecto llamado efecto duoservo, porque el propio tambor ayuda a frenar. A esa zapata se le llama primaria y su efectividad es tres veces mayor que el de la secundaria.

El efecto duoservo trata de que ese efecto servo de la zapata primaria sea posible también en la secundaria y podamos tener dos efectos servo. De ahí el nombre de duoservo. El resultado práctico es que la efectividad aumenta en un 50% e incrementamos el efecto blocante en el mismo porcentaje.

La forma de conseguirlo es la siguiente:

Las zapatas van colgadas dentro del tambor en disposición flotante. En la parte opuesta al cilindro de freno en lugar de estar fijas las articulaciones están flotantes y unidas por una barrita rígida que transmite la presión hidráulica de la primaria a la secundaria, haciendo que esta última se "clave" también en el tambor. Así conseguimos este efecto servo en ambas zapatas, efecto denominado duoservo o autoenergizado.

1.13.4. Diferencias de los distintos sistemas

Los frenos de mordaza son frenos efectivos para frenadas de poca potencia. Los frenos de disco si están en zona ventilada son muy eficaces para la evacuación del calor, pero carecen de capacidad para el bloqueo enérgico y la frenada de gran potencia. Por el contrario, los frenos de tambor al estar en el interior de un cilindro tienen dificultad para evacuar el calor; sin embargo, su frenada es efectiva y muy potente, teniendo una gran capacidad para el bloqueo incluso en las condiciones de servicio más pesadas.

En resumen, los discos son buenos para altas velocidades donde la disipación del calor es vital. Recordemos que la formación del calor, o sea la transformación de la energía cinética (energía del movimiento) en calor, es proporcional a la masa, pero guarda una relación exponencial con la velocidad, por lo que, a bajas velocidades, sobre todo en vehículos pesados, no es problema la formación de calor y sí es muy importante contar con el efecto autoblocante especialmente si hemos de acelerar y frenar continuamente.

1.13.5. Accionamiento de los sistemas de freno

Hemos visto el funcionamiento de los mecanismos, pero hay aún otro factor de una gran importancia para el sistema de frenos. Es la unión entre el operador y los citados mecanismos.

Esta unión puede ser:

— **Mecánica.** Mediante varillas, palancas o cables el esfuerzo del operador se transmite a las ruedas. Es un sistema en desuso para los frenos de servicio y suele utilizarse para los frenos de estacionamiento.

— **Hidráulica.** La presión sobre un cilindro principal se reparte por un circuito lleno de un líquido especial hasta los cilindros de rueda. De esta forma todas las ruedas reciben la misma presión y la frenada es la misma en cada una de ellas y resulta más equilibrada.

— **Neumática.** El motor mueve un compresor que almacena aire a presión en un calderín. Cuando el operador pisa el freno, abre una válvula y el aire a presión llega a través de un circuito a los cilindros de rueda presionando las zapatas. Suele usarse en las máquinas de gran tonelaje debido al gran efecto servo-multiplicador, así como por la capacidad de almacenamiento del sistema.

— **Servomecanismos.** A veces el esfuerzo a aplicar es considerable o ha de hacerse repetidamente con el consiguiente cansancio para el operador. Para reducir esta fatiga hay que recurrir a servomecanismos que son dispositivos que multiplican el esfuerzo aplicado. Hemos visto que en los frenos de aire una válvula regula la presión del sistema y con muy poco esfuerzo del conductor obtenemos el resultado apetecido. En el sistema mecánico sólo se puede multiplicar el esfuerzo dando más recorrido al pedal, por lo que la multiplicación es muy pequeña.
En el sistema hidráulico suele aprovecharse el vacío de la admisión para aumentar el esfuerzo que regula el operador con el pedal. Cuando se presiona el freno, éste abre una válvula y el vacío de la admisión succiona un cilindro que a su vez envía presión al circuito hidráulico. Como puede comprenderse, la máxima presión de ayuda es de una atmósfera, lo que a veces puede no ser suficiente.
Otro sistema de ayuda es el obtenido mediante la regulación de la presión hidráulica producida por la bomba. El cilindro principal actúa como un regulador de esta presión, al igual que en el sistema de aire.
Hay otro sistema que combina el freno normal con una ayuda hidráulica. Es el "booster" o ayuda. Consiste en un freno hidráulico normal que aprovecha la presión de la servodirección para reducir el esfuerzo, pero que si deja de funcionar sigue actuando aunque sin la ayuda, es decir con un mayor esfuerzo sobre el pedal. Este sistema más que un servomecanismo es una servoasistencia.

1.14. SISTEMA DE DIRECCIÓN

Cualquier vehículo móvil debe tener un sistema para poder cambiar de dirección en un momento determinado. Esto se consigue mediante la orientación de una o varias ruedas de tal forma que la prolongación de los ejes de todas ellas, ya sean de dirección, tracción o libres, confluyan en el mismo punto.

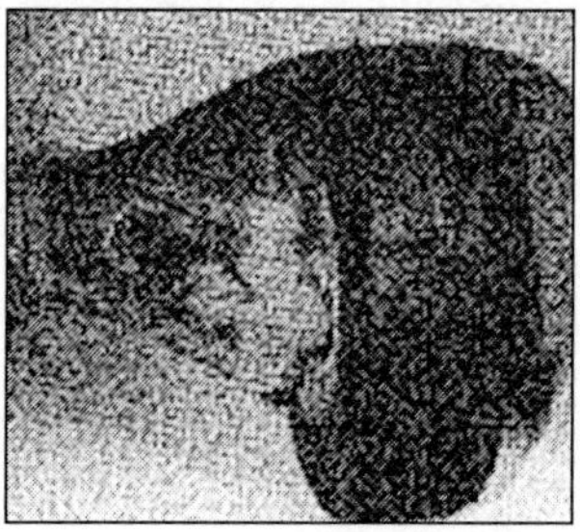

Para que los cambios de dirección se hagan sin problemas y sin que ninguna rueda arrastre o se oponga al giro, es necesario que el mecanismo de dirección haya sido diseñado obedeciendo a las siguientes leyes mecánicas:

a) Las prolongaciones de los ejes de todas las ruedas de un vehículo móvil cuando cambia de dirección se cortan en un punto llamado centro de giro (geometría de la dirección).
b) El recorrido de cada una de las ruedas está en relación directa con la distancia de su plano de rodadura al centro de giro (efecto diferencial).

La combinación de ambas leyes es lo que nos da un buen sistema de dirección.

Existen varios sistemas de dirección dentro de las máquinas dedicadas a la manutención. No obstante, todos ellos pertenecen a estos dos grandes grupos:

a) De timón.
b) De volante.

1.14.1. Dirección por timón

Cuando el apilador o transpaleta es de conductor acompañante, todos los mandos deben ser controlados con las manos. En lugar de volante se suministra un timón, es decir, una barra rígida conectada directa o indirectamente a la rueda de dirección en la que están instalados los dispositivos de aceleración, freno, instrumentación, etc.

Hay dos tipos de timón: largo y corto.

— **Timón largo.** Permite al operador caminar más distanciado de la máquina, siendo de esta forma más seguro. También y debido a su mayor brazo, el esfuerzo para moverlo es menor, sobre todo con máquina parada haciendo maniobra.
— **Timón corto.** Tiene como ventaja ahorro de espacio en algunas maniobras, así como poder instalar una plataforma plegable.

1.14.2. Dirección por volante

Puede ser mecánica, mecánica asistida o hidrostática. En todas las carretillas elevadoras, salvo en las de carga lateral o las que llevan dispositivos especiales a las cuatro ruedas, la dirección está situada en la parte trasera. El dispositivo de mando está ubicado en la parte delantera y un sistema de unión enlaza ambas.

Dirección mecánica

La columna de la dirección actúa sobre un mecanismo que, encerrado en una caja (caja de la dirección), convierte el giro de la columna en movimiento lineal. Unas barras articuladas llevan el movimiento hacia la parte trasera, donde, a través de los brazos de acoplamiento, lo comunican a las manguetas en donde van fijadas las ruedas.

Las manguetas giran libremente dentro de una horquilla de sujeción apoyada en unos cojinetes o rodillos. La geometría de la dirección se consigue mediante una especial disposición de ataque de los brazos de acoplamiento al anclaje de la mangueta.

En algunas máquinas eléctricas el enlace entre la caja de la dirección y las ruedas directrices se hace por cadena, debido a que en estas máquinas sólo hay que girar una rueda y, por lo tanto, no necesita de dispositivo para mantener su orientación durante el giro.

En general la dirección mecánica no suele emplearse en las carretillas elevadoras, excepto en modelos de poca capacidad de carga, ya que el esfuerzo requerido resta capacidad de giro y de maniobra reduciendo la productividad.

Dirección asistida

Debido al esfuerzo requerido para maniobrar con dirección mecánica se recurre a dotar a la misma de un sistema que ayude a reducir el esfuerzo del operador.

Normalmente esta ayuda viene de una válvula hidráulica de mando u orbitrol que regula la presión de un circuito hidráulico. Este circuito es alimentado por una bomba movida por un motor auxiliar o simplemente por el circuito principal. La presión administrada por el orbitrol se aplica a la barra o a los brazos de acoplamiento mediante un cilindro hidráulico. De esta forma el esfuerzo del operador se reduce, ***pero no evita*** las holguras y el costoso mantenimiento de toda la estructura mecánica incrementada con el cuidado de la correspondiente parte hidráulica.

Dirección hidrostática

Para evitar las holguras, desajustes y costosos cuidados de las partes mecánicas, en la dirección hidrostática se han suprimido éstas y se ha modificado la hidráulica para hacerla totalmente integral.

Desaparece la caja mecánica de dirección y sólo continua el orbitrol o distribuidor hidráulico.

La unión con los brazos de acoplamiento, horquillas y manguetas se hace a través de un circuito hidráulico y el movimiento de las manguetas se consigue mediante un cilindro de doble efecto cuyos vástagos se unen a las bieletas de acoplamiento.

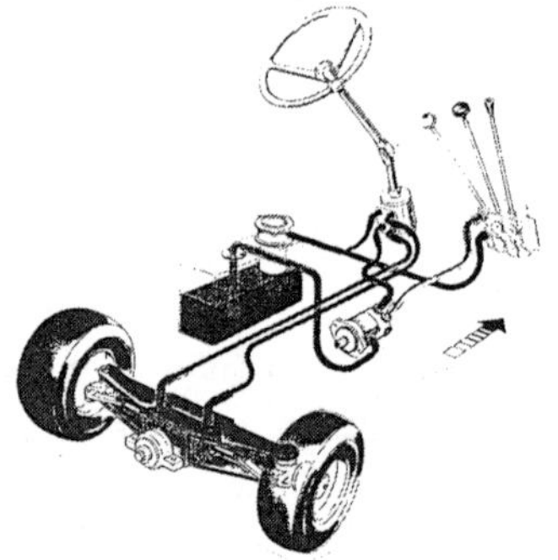

En las máquinas cuya dirección sólo tiene una rueda, hay que transmitir a ésta un movimiento circular en lugar de lineal. Para ello se una la bomba y el grupo directriz mediante un piñón y una corona o simplemente mediante una cadena.

Cuando en una máquina con dos ruedas directrices no hay espacio para manguetas, se recurre a un sistema de cadenas con un dispositivo que mantiene la geometría de la dirección orientada en cada uno de los giros.

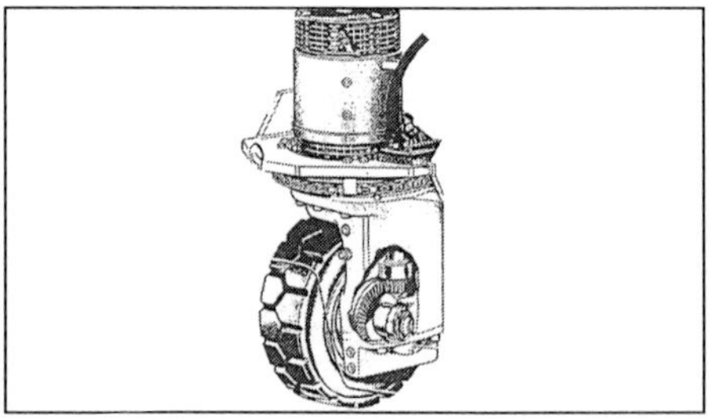

CAPÍTULO 2

BATERÍAS Y CARGADORES

2.1. CORRIENTE CONTINUA Y CORRIENTE ALTERNA

La corriente empleada para mover los motores de las carretillas elevadoras es, siempre, corriente continua. La corriente continua es aquella que "circula en un mismo sentido" manteniendo siempre una polaridad. No hay apenas variación en la intensidad. Es la almacenada en una batería a través de una periódica recarga mediante unos dispositivos denominados "cargadores de baterías".

La corriente almacenada en una batería siempre es continua, como la que llevan almacenadas las pilas secas o las pilas recargables empleadas para pequeños electrodomésticos o pequeños aparatos de radio, *walk-man*, relojes, etc. Sin embargo, la corriente disponible para su carga siempre es alterna.

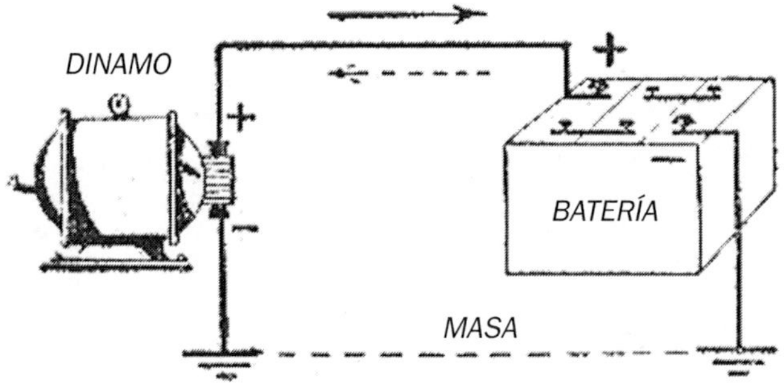

La ***corriente alterna*** es la que se produce y distribuye comercialmente en las casas, ciudades y fábricas. Esta corriente alterna se llama así porque cambia de sentido cincuenta veces cada segundo (50 ciclos) —en algunos países como EE.UU. son 40 ciclos—.

Para conseguir almacenar esta corriente alterna en una batería (de corriente continua) y luego emplearla en dispositivos que sólo funcionan con esta misma clase de corriente, como los motores de las carretillas, es necesario "prepararla" mediante unos rectificadores especiales a los que se denomina "cargadores de batería".

El ***motivo por el que se produce*** y se distribuye la electricidad alterna, cuando la mayoría de los dispositivos para su consumo son de corriente continua, es el de la facilidad de transporte y distribución, ya que de otra forma no podríamos enviarla a una distancia mayor de unos pocos kilómetros, y aún a riesgo de perder prácticamente el 90% de la misma transformada en calor.

Debido a que la energía eléctrica al circular a través de un conductor se transforma en calor y que uno de los factores de conversión es la intensidad con la que circula (que interviene en forma exponencial), se hace necesario reducir la misma al mínimo, aumentando, para compensar, el voltaje o tensión eléctrica al máximo posible (alta tensión). A fin de efectuar esta elevación de tensión, es necesario emplear unos dispositivos llamados "transformadores" que operan basándose en el fenómeno de las corrientes inducidas, para lo que necesitan corriente que varíe su intensidad creando de esta forma un campo inducido que permita elevar su tensión.

Ésta es la razón por la que la electricidad se produce y distribuye en su forma **"alterna"** y se consume así, mientras es posible y, de no ser posible, se filtra y consume en forma de **"corriente continua".**

2.2. UNIDADES ELÉCTRICAS

Antes de entrar en la parte eléctrica de las máquinas, vamos a dar un repaso a las unidades eléctricas y a la relación entre ellas.

Las unidades que vamos a manejar más frecuentemente dentro del tema que nos ocupa son las siguientes.:

— **Tensión** (voltaje, f.e.m.) cuya unidad es el **voltio.**
— **Intensidad,** cuya unidad es el **amperio.**
— **Resistencia,** cuya unidad es el **ohmio.**
— **Potencia,** cuya unidad es el **vatio.**
— Capacidad de una batería: **amperios/hora**
— Energía almacenada en una batería: **vatios/hora.**

2.2.1. Tensión eléctrica

Se denomina **tensión** a la fuerza eléctrica o "presión eléctrica" con la que circula una corriente por un conductor. También se la denomina como voltaje o fuerza electromotriz, f.e.m.). ***La unidad es el voltio,*** que es la tensión que hay en un conductor de un ohmio de resistencia cuando circula una corriente con la intensidad de un amperio.

Haciendo una comparación con un circuito hidráulico, diríamos que la tensión o voltaje sería la presión con la que el agua fluiría a través de este circuito hidráulico.

2.2.2. Intensidad

Es la "velocidad" con la que circula la corriente eléctrica a través de un circuito eléctrico, es decir, la cantidad de corriente que pasa por un punto en un determinado tiempo. ***La unidad es el amperio,*** que es la cantidad de corriente que circula a través de un conductor de un ohmio de resistencia al que le hemos aplicado una tensión de un voltio. No debemos confundir los amperios (unidad de intensidad) con amperios/hora (corriente almacenada en una batería).

Haciendo la misma comparación anterior con un circuito hidráulico, la intensidad sería la cantidad de agua que circularía por un punto en un determinado tiempo ***(caudal).***

2.2.3. Resistencia eléctrica

Es la resistencia que opone un conductor al paso de la corriente. ***La unidad es el ohmio.*** La resistencia de cualquier conductor depende de la naturaleza de la que está construido y de la sección del conductor.

En un circuito hidráulico, la resistencia sería la sección interna de las tuberías.

2.2.4. Potencia eléctrica

La potencia de un circuito nos da una idea del consumo potencial y, como consecuencia, de la energía disponible para su transformación en movimiento, calor u otra forma de energía. ***La unidad es el vatio,*** que es la potencia disponible en un circuito con la intensidad de un amperio y la tensión de un voltio. En la práctica se suele emplear uno de sus múltiplos: el kilovatio.

No hay que confundir la unidad práctica de potencia (vatio o kilovatio) con la energía almacenada en una batería o el consumo absoluto que se mide en (vatios/hora o kilovatios/hora).

2.3. CAPACIDAD DE UNA BATERÍA

Es la capacidad que tiene una determinada batería para almacenar corriente eléctrica. Depende de la superficie de las placas y del tamaño de los vasos de la misma.

Su ***unidad es el amperio/hora,*** que es la capacidad "equivalente" a la que tendría esa batería para descargarse totalmente, manteniendo la intensidad de descarga de los citados amperios durante el espacio de tiempo de una hora.

Debido a que el factor intensidad influye exponencialmente en las pérdidas por calor, podemos deducir que, en una batería de 500 A/h, las pérdidas por calor serían muchísimo mayores al descargarla en una hora (1 x 500 A) que al descargarla en cinco horas (5 x 100 A), por lo que al dar esta unidad tendremos que saber el tiempo en el que ha sido medida esta descarga. En caso de no tener el número de horas en el que se ha efectuado esta medida, se sobreentiende que ha sido efectuado en cinco horas.

Por lo tanto, una batería de 500 A/h en 5 h debe suministrar una corriente con la intensidad de 100 A en una descarga uniforme durante cinco horas. Si la descarga uniforme se efectúa con una intensidad de 50 A, la duración no será de 10 horas (500 A / 50), sino que, al reducirse la intensidad a la mitad, las pérdidas por calor son muchísimo menores y puede durar 13 ó 14 horas.

Por el contrario, si se descarga en menos horas, el calor resultante podría ser tan grande que las placas se deformarían por la elevada temperatura y la batería podría dañarse irremediablemente.

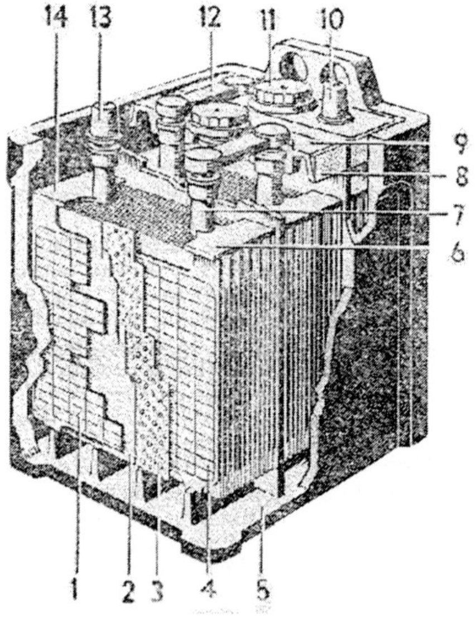

2.3.1. Energía almacenada en una batería

La energía almacenada en una batería es la capacidad que una batería tiene para producir un trabajo. ***La unidad es el vatio/hora (en la práctica, su múltiplo el kilovatio/hora),*** que es la capacidad de la misma (en amperios/hora) por la tensión en voltios.

Dos baterías pueden tener la misma capacidad, pero dispondrá de mayor energía para transformar en trabajo aquella que tuviera mayor voltaje o tensión.

2.4. BATERÍAS

Si cogemos un envase de plástico u otro material resistente al ácido e introducimos dentro de él unas placas de plomo recubiertas de un óxido de plomo, uniendo mediante un puente (a) las impares y un puente (b) las pares, tendremos el armazón de un vaso de batería. Entre las placas de cada puente pondremos unos separadores o rejillas y a todo este armazón le añadiremos hasta cubrir el borde superior de la rejilla un líquido denominado electrolito. Este líquido está compuesto por ácido sulfúrico y agua destilada al 27% de ácido por volumen. Hecho esto, ya tenemos un vaso en el que podemos "almacenar" o "acumular" corriente eléctrica.

En realidad, no se almacena nada. Lo que ocurre es que, dentro del vaso acumulador, ocurre una reacción química del tipo "reversible", es decir que cuando cesa la causa que provoca la reacción vuelve al estado anterior produciendo un determinado efecto.

Al introducir energía eléctrica en el citado vaso, se produce una determinada reacción química con absorción de energía. Si posteriormente conectamos las dos partes diferenciadas de este vaso —electrodos—, se produce otra reacción (disociación del ácido sulfúrico), con pérdida de energía (electricidad) que podemos aprovechar para producir movimiento o calor.

Se llaman baterías porque cada uno de estos vasos o elementos dispone de una fuerza electromotriz o tensión de alrededor de 2 voltios. Para conseguir tensiones mayores tenemos que unir varios vasos acumuladores en "batería", de ahí el nombre de "batería" o "batería de acumuladores".

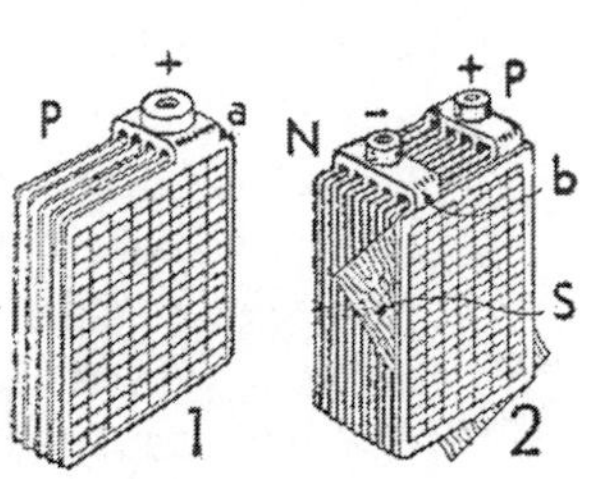

2.4.1. Carga de batería

Si hacemos pasar una corriente eléctrica a través de estos electrodos, la electricidad libera el hidrógeno del agua del electrolito (electrólisis), el cual reacciona con el SO_4 del sulfato de plomo de las placas negativas formando ácido sulfúrico que aumenta la densidad del electrolito. El oxígeno del agua queda libre y oxida el plomo de las placas positivas aumentando el nivel de óxido de plomo de las mismas.

En esta situación se dice que entre las bornas o electrodos de cada uno de estos vasos existe una diferencia de potencial eléctrico y, poniendo en comunicación estas dos bornas a través de una resistencia, circulará a través de ella una corriente eléctrica con una tensión aproximada de dos voltios.

2.4.2. Descarga de batería

Si mantenemos esta resistencia y vamos consumiendo esta energía, se producirá la siguiente reacción química.

Por efecto de la electrólisis, el ácido sulfúrico del electrolito se disocia y el SO_4 se concentra en las placas, tanto positivas como negativas, donde reacciona con el plomo formando sulfato de plomo. Mientras tanto, los átomos de hidrógeno reaccionan con el oxígeno de las placas positivas de óxido de plomo, formando nuevas moléculas de agua.

Según vamos consumiendo la energía del acumulador, esta agua va rebajando el nivel del electrolito. El ácido sulfúrico se va descomponiendo formando, cada vez más, sulfato de plomo en las placas. De lo que podemos deducir que:

a) **La concentración del ácido en el electrolito es variable** con el estado de la carga de la batería. Al descargarse se rebaja. Al cargarse se recupera.
b) **Si una batería se descarga muy a fondo,** agotándose, es muy probable que, no habiendo bastante plomo esponjoso en las placas negativas, se forme el sulfato a costa del material del bastidor de la placa que sostiene la "materia activa" (sulfatación de la batería), arruinándola.
c) **Un exceso de carga,** al seguir descomponiendo el agua del electrolito, hará que el hidrógeno liberado no tenga bastante sulfato con el que combinarse para formar ácido sulfúrico y entonces saldrá, en burbujas, por los respiraderos de los vasos con riesgo de explosión. Por otro lado, el oxígeno liberado, no teniendo bastante plomo del sulfato para combinarse, lo hará con el plomo del

armazón del bastidor, oxidándolo, con lo que el enrejado de las placas positivas se hinchará, retorciéndolas y deformando todo el conjunto.

2.4.3. Medida de la densidad

Para medir la densidad se emplean los **densímetros,** que son unos tubos de vidrio, con una pera de goma, un cierre inferior con tubo de goma de aspiración y el aerómetro o medidor propiamente dicho.

Para **medir la densidad del electrolito** se introduce un tubito de goma en el elemento elegido manteniendo vertical el aparato. Con la pera de goma se aspira la suficiente cantidad del electrolito para que el aerómetro flote libremente.

La escala del aerómetro está impregnada en su interior de un reactivo incoloro que toma un color rojo cuando penetra el ácido en caso de rotura. Cualquier mancha roja en la escala indica que el aerómetro está averiado y debe sustituirse.

2.4.4. Corrección de la densidad

La densidad del electrolito disminuye cuando la temperatura aumenta. **Como normales se consideran las densidades medidas a una temperatura de 30°C,** por lo que es preciso corregir las lecturas hechas con un densímetro si la temperatura es diferente durante la medición. Para ello basta con buscar la equivalencia en la tabla correspondiente.

Las mediciones se harán al final de la carga con objeto de que el electrolito esté íntimamente mezclado y su densidad sea uniforme, de otra forma la masa del electrolito estará dividida en dos masas de distinta densidad.

2.4.5. Elección de una batería

Al **elegir una batería** para una determinada carretilla, deberemos tener en cuenta los siguientes consejos:

— Conocer **todos los consumos** de los aparatos eléctricos que van a componer el servicio máximo de una jornada de trabajo en la situación más desfavorable.

- Al calcular el consumo normal, deberemos tener en cuenta que en la **subida por rampas** el consumo puede dispararse hasta valores insospechados.
- La **capacidad de carga** de una carretilla contrapesada varía con el aumento o disminución de la capacidad de su batería, debido a que ésta está en relación con el peso de las placas que conforman su armazón.
- Si el **consumo diario** va a ser muy cercano al 80% o más de la capacidad de la batería, deberíamos utilizar una de mayor capacidad. Si no fuera posible, deberíamos pensar en dos juegos de baterías.
- Hay que tener en cuenta que, si **en un futuro cercano vamos a montar algún accesorio hidráulico,** deberemos aumentar la altura del almacén o el trabajo diario, con el fin de poder calcular la capacidad suficiente de batería para la nueva situación.

2.4.6. Controles recomendados

La **densidad del electrolito** es un índice del estado de carga de la batería. A plena carga la densidad del electrolito a 30°C oscilará entre 1,27 y 1,29 +/– 0,01. Cuando están a un 80% de descarga, la densidad por vaso descenderá hasta 1,15 g/cc.

2.4.7. Consejos para efectuar estos controles

DIARIAMENTE. Comprobar **la densidad de 2 a 4 elementos,** elegidos como pilotos, antes de comenzar la jornada, a fin de saber si la batería se encuentra cargada y cuál es su densidad inicial.

Leer y anotar la densidad de los elementos pilotos al final de la jornada para conocer la magnitud de la descarga efectuada.

SEMANALMENTE. Comprobar **la densidad de todos los elementos** de la batería. Si la densidad de algún elemento es inferior en cinco centésimas o más del resto de los elementos, puede estar en malas condiciones.

No comprobar la densidad después de efectuado el relleno con agua destilada, ya que la medida sería falsa; hacerlo antes de efectuarlo o después de una carga de media hora, que homogeneizará el electrolito.

MENSUALMENTE. Dar **una carga de igualación,** leyendo y anotando las tensiones, densidad del electrolito y temperatura de todos los elementos. En algunos casos, en función del tipo de trabajo de la carretilla, es preciso variar la periodicidad de esta carga.

2.4.8. Cuidados recomendados

— **Revisar diariamente el nivel del electrolito** y añadir agua destilada si fuera necesario. Nunca se añadirá ácido, ya que éste no se evapora como ocurre con el agua. El nivel del electrolito deberá estar siempre entre el **nivel máximo** (50 mm por debajo del orificio de rellenado) y el **nivel mínimo** (por encima del amortiguador de gases).
Si se supera el nivel máximo, se derramará el líquido y se perderá parte del electrolito, perdiendo densidad y por lo tanto capacidad de carga.
Si el nivel queda por debajo de las placas, éstas quedarán al aire y estarán expuestas a la sulfatación, con la consecuente reducción en su capacidad.
Rellenar sólo con agua especial para baterías, con el objeto de no reducir la vida de la batería.
El agua para rellenar debe ser incolora y con un pH comprendido entre 5 y 7.

— **Limpiar las bornas diariamente** para evitar los malos contactos y el deterioro de los mismos. Mantener **limpia y seca** la parte superior de los elementos y de la batería, así como el cofre de ésta. Esto previene pérdidas de corriente y ayuda a conseguir el máximo rendimiento.
Se usará paño, brocha, corriente de aire a presión o se lavará con agua. Si la parte alta de la batería está sucia de electrolito proyectado, deberá neutralizarse con una **solución de bicarbonato sódico al 10% en agua,** aplicándola a batería y cofre con una brocha, asegurándose de que los tapones están perfectamente roscados para evitar que el líquido de lavado penetre en el interior. Cuando se aplique esta solución se producirá **efervescencia.** Al cesar ésta, lavar con agua.
Comprobar, después de efectuada la limpieza, que los **orificios de los tapones** no queden obturados. Una vez la batería quede totalmente seca, proteger con **vaselina neutra** las bornas.

— Aunque el consumo de algunas jornadas no sea total, la batería deberá ser **recargada como si hubiera consumido toda la energía.**

— Nunca deberá utilizarse la carretilla cuando la carga de la batería esté **por debajo del 20% de su capacidad total.**
— Es recomendable realizar **una carga de igualación,** al menos una o dos veces al mes. Sería conveniente realizarla todos los fines de semana.
— Debido a la formación de gases de la reacción química en la carga de la batería, es conveniente que los vasos puedan "respirar", es decir sacar al exterior los citados gases sin que el vapor de agua sea arrastrado por los mismos. Por ello deberemos tener **limpios los respiraderos de cada tapón.**
En aquellas baterías que no dispongan de **tapones con respiradero,** deberemos **quitarlos o aflojarlos.** En las baterías que llevan tapones sellados, no hay que hacer nada, pues el propio sistema sellado realiza esta operación.
— Cuanto **más lenta sea la operación de carga** de batería, mayor será la carga que coja y mayor será la duración de la misma. Esto es debido a que la intensidad de carga es menor y, por lo tanto, las pérdidas por calentamiento también son menores. Debido a esto último, el consumo eléctrico también será mucho menor.
— **No dejar en reposo la batería descargada.** Las baterías no pueden quedar descargadas durante largos períodos de tiempo: se dañarían las placas y se acortaría la vida de las mismas. En caso de quedar almacenadas por algún tiempo, hay que cargarlas al máximo y periódicamente realizar una carga de igualación.
— Al efectuar cualquiera de estas labores de mantenimiento, tener mucho cuidado **en no depositar sobre la batería ningún objeto o herramienta metálico** que pudiera producir un cortocircuito.
— Al cargar las baterías y como norma general en cualquiera de las maniobras de comprobación expuestas anteriormente, **evitar fumar o proyectar chispas o llamas** en las cercanías de las mismas, debido al elevado riesgo de explosión de estos elementos.

2.4.9. Distintos tipos de cargas

2.4.9.1. Carga normal

Para realizar una carga normal de forma correcta, hay que actuar de la siguiente forma:

1. **Levantar las tapas de los cofres,** con el fin de airear la batería.
2. Conectar los **polos positivos y negativos** (ambos macho y hembra) de la carretilla a los correspondientes del cargador. Si el cargador consta de varios cofres, como en algunas máquinas retráctiles, conectarlos en serie, es decir, el terminal positivo de uno con el terminal negativo del siguiente.
3. **Una vez realizada la conexión** de todos los terminales, procederemos a **conectar el cargador,** teniendo en cuenta no sobrepasar los valores de tensión e intensidad recomendados para cada tipo de batería.

Los sistemas de carga más usuales son:

- **Carga con intensidad decreciente:**
  Durante la carga, la intensidad va disminuyendo, al mismo tiempo que va aumentando la tensión de la batería.
- **Carga a intensidad constante con dos escalones:**
  La carga se inicia a intensidad constante, reduciéndose a un valor de intensidad inferior al detectarse el desprendimiento de gases.
- **Carga con doble pendiente:**
  La carga se realiza en dos fases o pendientes de intensidad decreciente con un descenso de la misma al alcanzarse el desprendimiento de gases. Esto permite **acortar el tiempo de carga** al aportarse más intensidad en la primera fase.

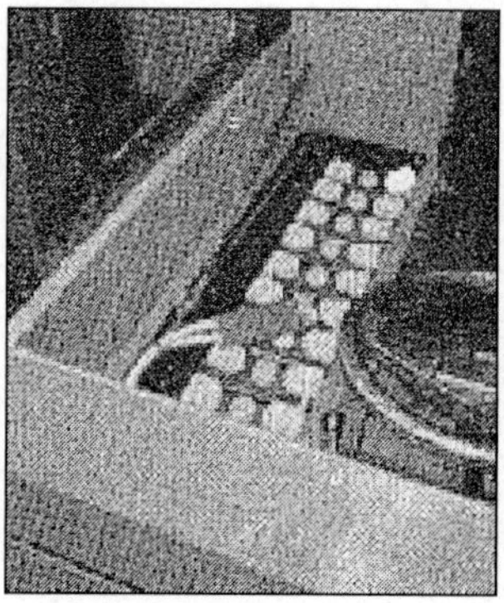

4. Durante la carga, **la temperatura del electrolito** no debe sobrepasar de los 50°C. Si esto ocurriera, debe interrumpirse o reducir la intensidad de la carga hasta alcanzar una reducción de la temperatura del electrolito inferior a 40°C.
   La comprobación de la temperatura debe efectuarse cada hora sobre los elementos tomados como piloto.
5. Al terminar la carga, **comprobar el estado de la densidad** de varios vasos tomados como piloto. La densidad debe alcanzar los niveles entre 1,27 y 1,29 g/cc a una temperatura de 30°C, según el tipo de elemento.
6. La **duración de la carga** puede adecuarse a las necesidades de utilización con la elección del cargador apropiado y puede durar entre 8 y 12 horas.
7. Si, terminada la carga y alcanzado el nivel de densidad óptimo, el rectificador **sigue enviando carga,** puede dañar de forma irremediable la batería, por lo que es recomendable mandar a revisar dicho rectificador.

2.4.9.2. Carga suplementaria

Cuando la batería se haya **descargado al menos un 50% de su capacidad,** puede aplicarse una carga suplementaria. Ésta es una carga parcial de corta duración (aproximadamente un máximo de 2 horas) que debe interrumpirse antes de que comience el desprendimiento de gases. La operación deberá efectuarse de la siguiente manera:

1. Ventilar la batería, levantando para ello las tapas de los cofres.
2. Determinar la corriente de carga por medio de la correspondiente tabla.
3. Determinada la corriente de carga, cargar con dicha intensidad constante durante el período de tiempo previsto. Si hubiera desprendimiento de gases, habría que detener la carga.
   La temperatura del electrolito no debe superar los 50°C; en caso contrario, habría que reducir la intensidad de carga o interrumpir la misma, si fuera preciso.
4. Debe medirse la densidad del electrolito y contrastar su aumento como comprobación de la recuperación de capacidad.
   Esta carga suplementaria debe efectuarse cuando **de forma puntual** se necesite realizar un mayor trabajo en determinados días, y debe ser tomada como un mal menor preferible a trabajar por debajo del 20% de su capacidad.

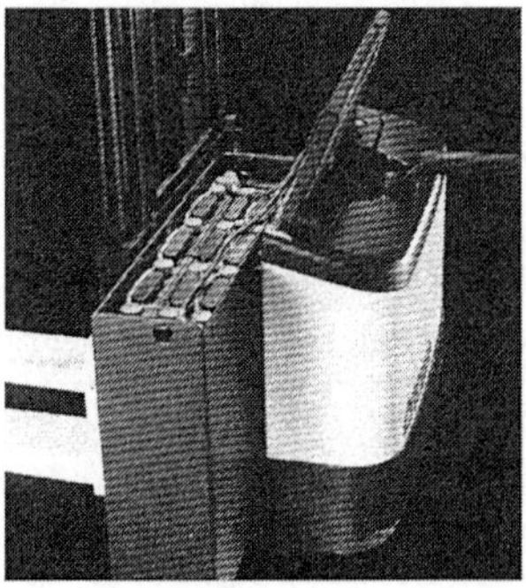

2.4.9.3. Carga de igualación

Es una sobrecarga realizada **de forma muy lenta** a continuación de una carga normal. De esta forma logramos nivelar la carga de todos los vasos y llegar a un nivel cercano al 100% de su capacidad.

El proceso es el siguiente:

1. Efectuar una carga normal, como se ha explicado más arriba.
2. Prolongar la carga con la intensidad correspondiente al régimen de igualación (variable según el tipo de elemento) hasta alcanzar los indicios de fin de carga siguientes:

   a) Cuando la tensión en bornas de cada elemento permanece constante durante dos horas consecutivas, medida dicha tensión mientras está en carga la batería.
   b) Cuando la densidad de cada elemento se estabilice o incluso tienda a disminuir ligeramente a consecuencia de la elevación de la temperatura. **Nunca se sobrepasará la temperatura de 50°C en el electrolito.**

2.4.10. Conservación de las baterías fuera de servicio

A veces es necesario conservar fuera de servicio unas baterías. En este caso procederemos así:

a) Dar una **carga normal.**
b) **Rellenar todos los elementos** que lo necesiten con agua destilada, hasta alcanzar un nivel que esté 5 cm por debajo del borde superior de la boca de la tapa donde se aloja el tapón.
c) A continuación, dar una **carga de igualación** (con la corriente de veinte horas) durante un periodo de, al menos, catorce horas rellenando de nuevo con agua destilada si fuera necesario.
d) **Tapar** los elementos y **engrasar** las partes metálicas susceptibles de ser atacadas por el ácido (pletinas de hierro, terminales de latón, etc.).

e) Colocar la batería **en un local seco,** procurando preservarla tanto del frío como del calor excesivo.
f) Dar una carga de igualación todos los meses.

2.4.11. Precauciones a tomar

1. Procurar que la batería no permanezca más de 24 horas descargada.
2. No cargar varias baterías situándolas en serie. Cada **batería debe cargarse con su propio circuito** y su propio amperímetro, salvo en el caso de que todos los elementos de todas las baterías tengan las mismas características y que las densidades de todos los elementos sean análogas.
3. Durante la carga quedan totalmente **prohibidos** cerca de los elementos de carga **cigarrillos, cerillas, sopletes y cualquier otro elemento** que pueda aportar calor, chispas, llamas o cuerpos incandescentes.
4. **No es bueno sustituir** alguno de los elementos de la batería (vasos) por otros cuyas características no sean iguales o siendo iguales hayan recibido un trato distinto y estén en condiciones diferentes del resto de la batería.
5. Si hubiera un elemento averiado, se podrá reparar, pero **no deberá sustituirse** por otro de otra batería aunque sus características sean parecidas.

2.5. CARGADORES

2.5.1. ¿Qué es un cargador?

Un cargador es un dispositivo especial que toma corriente alterna, mono / bi / trifásica y, en primer lugar y aprovechando que es alterna, la reduce de tensión, y posteriormente y mediante un sistema de rectificadores, la convierte en corriente continua. De esta forma la corriente rectificada y con la tensión adecuada se suministra a la batería para poder comenzar el fenómeno de recarga de la misma.

A una batería no puede suministrarse corriente alterna, ya que, de ser así, la polaridad de ésta variaría 50 veces por minuto no pudiendo efectuarse la reacción química. Los cargadores se encargan de la reducción de tensión y la posterior transformación en corriente continua o pulsatoria para, de esta forma, comenzar la reacción de electrólisis dentro de la batería.

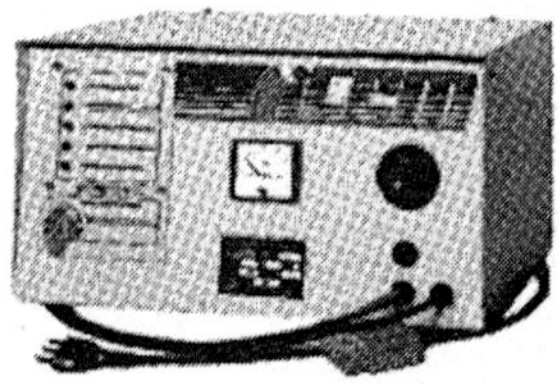

2.5.2. Partes de un cargador

Hay dos partes bien definidas en un cargador:

— Circuito de potencia.
— Circuito de control (y regulación).

Circuito de potencia

Consta a su vez de tres partes:

1. **Transformador.** La corriente es aún alterna. Aprovechando el fenómeno de inducción, reduce en el secundario del transformador la corriente de la red, que suele ser de 220 ó 380 bi/trifásica, a la tensión necesaria para la batería. Aprovechando la separación entre los circuitos primario y secundario, sirve de aislante entre la red y la propia batería.
2. **Circuito rectificador.** Una vez reducida la tensión a los niveles requeridos para la carga, sigue siendo corriente alterna. Un circuito de semiconductores (diodos y tiristores) se encarga de que la corriente circule en un solo sentido, siendo de esta forma polarizada. Realmente no es corriente continua, sino pulsatoria, ya que no es totalmente plana.
3. **Circuito de filtrado.** Mediante un ingenioso sistema de condensadores y a través de un inducido, la corriente se estabiliza y se filtra, es decir, reduce sus diferencias de tensiones quedando, de esta manera, más "equilibrada".

Circuito de control

Controla y estabiliza la corriente.

1. **Control de intensidad.** Anteriormente dijimos que la intensidad de carga iba decreciendo según se iba cargando la batería. En este control se realiza esta función.
2. **Control de tensión.** En este control se verifica el estado de la tensión de batería. También están los sistemas de seguridad, de cambio de etapas de carga y detección de fin de carga.

2.5.3. ¿Cómo funciona?

El funcionamiento es muy sencillo. Se instala en la red eléctrica y se dejan libres unos cables con terminales para adaptar a los terminales de la batería correspondiente. Cada carretilla suele tener su propio cargador, adaptado a las necesidades, tensión e intensidad de carga de la misma. De esta forma los terminales del cargador y los de la batería o baterías de la carretilla correspondiente suelen ser del mismo juego y de posiciones no intercambiables.

Cada voltaje de batería lleva su propio código de colores para identificar la tensión de salida e identificar compatibilidades entre batería y cargador. De esta forma no podemos equivocarnos al intentar cargar una batería de 48 voltios con un cargador para 80 voltios.

Los más modernos cargadores no requieren ninguna maniobra especial y sólo al conectarlos quedan preparados para detectar la tensión aplicada y la de batería. Cuando la tensión de ésta es la correspondiente a la tensión de batería cargada, finalizan la carga indicando la tensión final y el tiempo que han permanecido en carga. Para una carga de igualación, se pulsa un botón y queda iniciado el reloj de carga lenta.

También llevan un pulsador para la interrupción temporal de la carga (a veces a mitad de carga necesitamos usar la carretilla durante un pequeño espacio de tiempo y luego la ponemos en carga de nuevo). En este caso el cargador memoriza la situación en que quedó al ser desconectado y continúa la secuencia de carga en el mismo estado en el que la interrumpió.

2.5.4. Cuidados de un cargador

Son mínimos y no requieren ningún conocimiento especial.

Deben estar situados en un lugar bien ventilado y libres de obstáculos alrededor que puedan perjudicar el acceso de las carretillas.

Estarán sólidamente anclados a una pared a una altura en la que se puedan leer todos los relojes de control y ser accesible todos sus mandos y lecturas por cualquier persona.

La instalación de la red será exterior y no empotrada. Estará protegida por un automático de fácil acceso y tendrá bien visibles las indicaciones a seguir en caso de cualquier emergencia.

El automático no estará cerrado ni bloqueado para poder ser manipulado por cualquier operador en caso de emergencia.

Estará situado lejos de tuberías o depósitos donde haya cualquier tipo de combustibles o agua que produzca humedades en las cercanías.

Los cables tendrán la longitud necesaria para llegar a la carretilla sin ser estirados y en posición que no necesiten ser forzados ni doblados en exceso.

No habrá líquidos (agua, aceite, líquido de frenos, etc.) en el suelo de las cercanías. Tampoco deberá haber encima de la caja metálica de protección objetos de ningún tipo.

Tanto el cofre del cargador como los relojes, cables, terminales y todos los componentes estarán limpios y libres de polvo y grasa.

Si el cargador está situado en una sala de carga con otros cargadores iguales o semejantes, habrá que extremar los cuidados anteriores y, además, procurar que cada unidad esté separada de cualquier otra unidad por una distancia de, al menos, metro y medio. De no ser así, se acumularían los gases en forma muy peligrosa y, además, no habría espacio cómodo para situar cada una de las carretillas durante la carga.

CAPÍTULO 3

MANUAL DEL OPERADOR. LECCIONES PRÁCTICAS

3.1. TÉCNICAS PARA LA CONDUCCIÓN SEGURA

La seguridad constituye una parte importante de las operaciones de conducción fundamentales. Una vez que la carretilla elevadora se pone en movimiento, el conductor debe ponerse a la defensiva y anticiparse a lo inesperado.

La seguridad de conducción fundamental es tan simple como la conducción del coche de la familia. Por ejemplo, antes de poner su coche en marcha, lo comprueba para ver si está en punto muerto. Cuando introduce la marcha atrás, antes de comenzar a rodar, mira para ver lo que hay en la parte trasera del vehículo. Cuando detiene el coche, lo hace gradualmente, nunca precipitadamente, etc.

Deben tomarse mayores precauciones a causa de los lugares estrechos en los que trabajan las carretillas elevadoras. Los pasillos son más estrechos que las calles y hay muchos más virajes sin visibilidad, sin avisos de alto o semáforos para regular el tráfico. Así, los conductores deben tener más cuidado al conducir una carretilla elevadora. *La habilidad del operador de estas máquinas para evitar accidentes potenciales es una consecuencia de su previsión.* Cualquiera puede aprender a conducir una carretilla elevadora, pero sólo los expertos pueden conducirla con total seguridad.

Los párrafos siguientes ponen de relieve los factores de la seguridad en los procedimientos para la conducción. Algunos de estos procedimientos han sido prefijados, otros tal vez son nuevos. Pero cada uno de ellos implica un factor de seguridad que cada conductor debe conocer.

A) Las cargas

A.1. Para impedir que las cargas se deslicen de las horquillas, deben elevarse siempre con el mástil en la posición vertical o ***ligeramente*** inclinado hacia atrás. Pero debe recordarse la estabilidad lateral y no debe inclinarse el mástil hacia atrás más de lo que puede considerarse como necesario.

A.2. Muchas cargas se componen de ***artículos inestables*** que pueden deslizarse fácilmente a lo largo o a lo ancho de las horquillas. Esto puede determinar el vuelco de una carretilla o arrojar la carga sobre algo o sobre alguien. Los conductores deben tener cuidado con tales artículos y cargas.

A.3. Las ***cargas elevadas*** deben ser inclinadas hacia delante, tan sólo cuando van a ser depositadas y estén listas para ser introducidas en su alojamiento con total seguridad.

A.4. Manejar las cargas siempre dentro de las capacidades clasificadas, teniendo en cuenta el peso, el centro de gravedad de la carga y la altura a la que vamos a trabajar. (***Capacidad residual:*** consultar el manual).

A.5. Cuando la unidad de ***carga no sea regular,*** coger, siempre que sea posible, la carga por el lugar donde quede más cercano el c. d. g. (centro de gravedad). La capacidad residual será mayor, así como la seguridad en su manejo.

A.6. Las cargas deben transportarse ***próximas al suelo.*** Cuando se transportan en una posición elevada, la estabilidad de la carretilla se reduce notablemente. Existe la posibilidad de que la carga, o parte de ella, caiga sobre alguien o sobre algo. Si el problema es de visibilidad, debe, el conductor, dar la vuelta y conducir hacia atrás mirando en la dirección del avance.

A.7. Las cargas deben equilibrarse en las horquillas y conducirse estando bien ajustadas al talón de las mismas. Cuando ***se suben rampas,*** debe conducirse siempre con la carga hacia delante.

A.8. Al ***descender pendientes,*** si el ángulo de éstas es superior al de la inclinación atrás del mástil o al de tablero u horquillas —en el caso de los tableros u horquillas inclinables— ***deberá llevarse la carga en la parte trasera,*** con objeto de no causar la elevación de la parte directriz de la máquina debido al desplazamiento del c. d. g.

A.9. ***Nunca*** debe conducirse con la carga elevada.

A.10. Las ***sobrecargas*** pueden hacer que la carretilla pierda el equilibrio, tanto frontal como lateralmente, poniendo en peligro tanto al operador como al resto de trabajadores o, incluso, a terceras personas. El peso y volumen de la carga debe permanecer dentro de las capacidades especificadas.

A.11. ***No contrapesar nunca las máquinas,*** ni con objetos ni con personas, para conseguir una mayor capacidad de carga, aunque sea solamente por un período de tiempo muy breve. El riesgo de los cambios de centro de gravedad en los movimientos de elevación y descenso del mástil pueden ser imprevisibles y, por descontado, muy peligrosos para la integridad de la carga, la máquina, el almacén, el operador y el resto del personal.

B) Proceso de estibar

B.1. Tomar la carga en el lugar estipulado para la recepción de la misma. Hacerlo de forma correcta y segura tal y como se reseña en los apartados anteriores.

B.1.1. Ajustar la carga ***hasta el talón de la horquilla*** para que ésta quede introducida hasta el fondo.
B.1.2. ***No levantar la carga*** con una sola horquilla.
B.1.3. ***No empujar ni golpear*** la carga para desplazarla.
B.1.4. Comprobar que la carga ***es estable*** en su desplazamiento.
B.1.5. La longitud de la horquilla ***no debe ser superior*** a la longitud de la unidad de carga tomada su dimensión en profundidad.
B.1.6. La longitud de la horquilla ***no debe ser inferior*** a los dos tercios de la longitud de la unidad de carga tomada su dimensión en profundidad.
B.1.7. En caso de que la longitud de ***la horquilla sea inferior a lo señalado*** en el apartado anterior, deberemos manipular las cargas con unos prolongadores, fundas o alargadores de horquillas que posean la resistencia suficiente.

B.2. Conducir la carretilla al lugar previsto para el apilado.
B.3. Hacer el ***giro de 90°*** para encarar la posición de estiba.
B.4. Iniciar la elevación ***con la máquina parada*** y la carga pegada al talón de la horquilla, manteniendo el mástil, tablero u horquillas ***totalmente rectos.***
B.5. Avanzar lentamente (o empujar la carga en las máquinas retráctiles) hasta que la misma quede situada en el lugar correcto. Frenar lentamente la maniobra de aproximación. Posicionar con el desplazador lateral si fuera necesario.
B.6. Inclinar ***ligeramente*** el mástil (tablero u horquillas) hacia delante para facilitar la maniobra de descenso del tablero portahorquillas.
B.7. Dejar la carga de forma suave en su alojamiento. Iniciar la marcha atrás lentamente para situarse en el pasillo. Al efectuar esta maniobra, tener mucho cuidado con ***no tocar cualquiera de las otras cargas.***
B.8. ***Girar la máquina*** dentro del pasillo con las horquillas cerca del suelo e iniciar la marcha del siguiente ciclo.

B.9. Las pilas deben formarse en forma cuadrada y sólida. Las cargas deben depositarse con cuidado para evitar que las que hay en las pilas ***puedan desequilibrarse*** o quedar en situación inestable.

B.10. Al ***dejar la última carga,*** tendremos mucho cuidado en calcular si hemos dejado parte de la unidad de carga ***en zona peligrosa.*** Es decir en sitio donde ocultamos algún *sprinkler* de incendios, ventilación, sitios donde circula un puente grúa, etc.

B.11. También, trataremos de ver si a la hora **de desestibar** puede haber problemas con la carga y alguna viga, cable, tubo de ventilación, instalación eléctrica, de incendios, etc.

B.12. Si el apilado se hace carga sobre carga, tendremos que tener en cuenta si estamos ya en una altura **que no ofrece la estabilidad suficiente** y puede quedar inestable. También lo haremos de forma que no gravite una carga excesivamente pesada para el resto y pueda deformar las inferiores. Si una o varias de las cargas inferiores se deforma, podría **desestabilizar toda la pila** quedando inestable con riesgo de caer sobre las demás o sobre las personas que circulen por el almacén.

B.13. Los responsables del almacén deberán conocer la ***resistencia del suelo*** sobre el que se acumulan las distintas pilas y poner un límite a cada zona en función del peso máximo de cada una de las unidades de carga. Para ello deberemos hacer un cálculo en función de ***la resistencia global del suelo y de la resistencia por metro cuadrado.***

Carga en vagones, contenedores o camiones.

B.14. Vigilar si el vagón, contenedor o caja del camión están bien ***anclados, calzados o asegurados,*** con objeto de que con el aumento de la carga no lleguen a deslizarse y desestabilizarse.

B.15. Si la maniobra se efectúa desde fuera:

- Vigilar los accesos a las plataformas, pues las ruedas de tracción pierden adherencia cuando van sin carga. No perder nunca de vista la ***parte elevada del mástil al coger o dejar la carga.***

B.16. Si la carretilla penetra ***dentro del contenedor***, vagón o camión:

- ***Asegurarse del estado del piso.*** Hay que tener en cuenta que con la máquina cargada la presión de carga más máquina se concentra en los dos puntos que marcan las ruedas delanteras. Con la máquina descargada, el peso se concentra sobre las ruedas directrices.

Si la máquina es de tres ruedas, la presión en este caso es el doble que en el de cuatro ruedas.

- Si vamos a apilar dentro del contenedor, camión o vagón, deberemos conocer la ***altura de elevación libre*** de nuestro mástil, pues corremos el riesgo de tocar el techo con uno de los perfiles antes de situar la carga en la altura correspondiente, con el peligro de serios daños en contenedor o máquina.
- Evitaremos circular o parar la máquina junto al ***borde de andenes o muelles de carga.***
- Al pasar de ***muelle a vehículo*** o viceversa tendremos en cuenta:

    1. ***Resistencia*** de la placa o puente de transferencia.
    2. ***Diferencia de altura*** vehículo-muelle al pasar de cargado a descargado o viceversa, al ceder la suspensión por efecto del peso de carga o de máquina.
    3. Mantener las ***manos y pies dentro de las protecciones*** de la carretilla especialmente al entrar o salir de vagones o contenedores.

C) Proceso de desestibar

C.1. Conducir la carretilla al ***lugar previsto*** para la toma de la carga.
C.2. ***Hacer el giro de 90°*** para encarar la posición de descarga o desestiba.
C.3. ***Iniciar la elevación*** con la máquina parada manteniendo el mástil totalmente recto para no dificultar la posición de las horquillas.
C.4. ***Avanzar lentamente*** introduciendo las horquillas dentro del alojamiento de la paleta elegida, hasta que las mismas queden situadas en el lugar correcto. Posicionar con el desplazador lateral si fuera necesario.
C.5. ***Elevar lentamente las horquillas*** para levantar la carga y después, manteniendo el mástil y las horquillas rectos, comenzar a salir ***hacia atrás,*** mirando a ambos lados, para evitar el alcance de un posible peatón ocasional.
C.6. Al recoger la carga hay que tener cuidado ***de no tocar, rozar, empujar o mover las demás unidades de carga*** que quedan. Si esto ocurriera, podrían desestabilizarse y mantener un equilibrio poco estable. Cualquier otro golpe, roce o movimiento podría hacerlas caer a tierra con el consiguiente peligro que ello supondría.
C.7. Al ***recoger la carga*** hay que tener en cuenta lo ya comentado en el apartado B.1.

C.8. ***Sacar la paleta*** de su alojamiento teniendo sumo cuidado de ***no rozar con las paletas contiguas,*** si es necesario nos ayudaremos con el desplazador lateral. Efectuar esta maniobra con movimiento lento y preciso e iniciar el descenso del carro portahorquillas.

C.9. ***Descender totalmente*** la carga hasta unos centímetros del suelo y, ***entonces y no antes,*** girar la máquina dentro del pasillo e iniciar la marcha en forma moderada hasta el lugar de destino.

C.10. No debe permitirse la ***presencia de personas debajo de una carga elevada por las horquillas,*** ni con la máquina parada ni con la máquina en marcha. Tampoco debe permitirse la presencia de personas dentro del área de seguridad o radio de acción de la misma. ***Es conveniente*** que las máquinas que circulan tanto marcha adelante como marcha atrás de forma imprevisible, como el caso de las carretillas elevadoras, dispongan de ***avisadores o señalizadores ópticos y acústicos de marcha atrás.***

C.11. Al efectuar ***el apilado o el desapilado*** actuar con mucha prudencia. Comprobar la situación de las cargas, si son estables o inestables.

D) La circulación

D.1. Iniciando el ciclo de trabajo:

D.1.1. Al iniciar la marcha después de coger o dejar una carga, y antes de que la máquina inicie el menor movimiento, incluso en la propia maniobra de sacar la carga del alojamiento, deberemos ***volver la cabeza y mirar si el camino está despejado*** y no hay ningún impedimento que dificulte la realización de la misma.

D.1.2. Mantener la carga ***pegada lo más posible*** al talón de las horquillas.

D.1.3. La ***puesta en movimiento*** debe hacerse con cuidado. Los espectadores que no sospechan nada y los materiales cercanos pueden sufrir daños de parte de una carretilla que entra en movimiento repentinamente y que posiblemente sale fuera de control. Los arranques repentinos, también perjudican a la carretilla, los ejes pueden romperse, los engranajes pueden deteriorarse y todo un conjunto de piezas de la transmisión pueden sufrir con un esfuerzo puntual fuera de medida.

D.1.4. Al manejar cargas ***especialmente largas*** o con una forma irregular, como columnas, vigas, tablones, secciones largas de metal, hay que tener cuidado con los giros, cambios de pasillo, entrada a naves, etc.

D.1.5. A causa de que las carretillas se guían con las ruedas traseras, el contrapeso gira y puede hacer daño a los espectadores y ocasionar averías en la propiedad. ***Vigilar siempre el giro del contrapeso.***

D.1.6. La no vigilancia en la ***dirección y sentido de avance al iniciar la marcha,*** podrá muy bien causar algún desconcierto, pero lo más probable es que alguien resulte herido.

D.1.7. Hay que evitar los ***choques, baches y puntos resbaladizos,*** pueden volcar las carretillas elevadoras o causar la caída de las cargas. Ambos accidentes pueden tener graves consecuencias tanto para los espectadores como para los conductores.

D.1.8. No debe permitirse nunca conducir una carretilla a alguien que ***no está capacitado o autorizado*** para hacerlo.

D.1.9. Existe una diferencia entre uso y abuso de una carretilla elevadora. Algunas veces se abusa de una carretilla, y puede ocurrir que ésta nos dé un auténtico disgusto.

D.2. Circulando por las instalaciones:

D.2.1. Al circular detrás de otra carretilla o cualquier otro tipo de vehículo, ***mantener siempre una distancia prudente,*** ya que, aunque la velocidad no es grande, el tiempo de reacción para iniciar la deceleración sí puede serlo. Hay que tener en cuenta que la visibilidad es reducida en la mayoría de las ocasiones y que la iluminación y la capacidad de visión no suele ser buena en general.

D.2.2. Al adelantar a otra carretilla bien en un pasillo de trabajo, en uno de intersección o en una nave, es necesario estar completamente seguro de que aquel que va a ser adelantado ***conoce la maniobra que vamos a efectuar y que nos permite efectuarla.***

D.2.3. Al atravesar una puerta sin visibilidad, bien porque no dominamos todo el espacio que hay al otro lado o bien porque hay una puerta automática o aislante térmico, ***señalaremos nuestra posición con el avisador acústico*** y extremaremos nuestras precauciones al máximo.

D.2.4. No atravesar nunca una puerta sin ***tener la absoluta seguridad*** de que la parte más alta de nuestra máquina (altura máxima en orden de marcha) es, al menos, ***unos centímetros inferior a la altura interior*** del marco de la misma en toda la extensión del ancho de la máquina.

D.2.5. Extremar las precauciones en ***suelos húmedos o resbaladizos.*** Hay que tener en cuenta que las carretillas no cuentan con sistemas de bloqueo en el diferencial y pueden quedar atrapadas. En caso de que esto último suceda, actuaremos de la siguiente manera:

D.2.5.1. ***Si es en rampa con máquina descargada,*** iremos acelerando muy lentamente para evitar el deslizamiento de una de las ruedas de tracción. Limpiaremos la zona donde la rueda resbala o introduciremos unos cartones secos y trataremos de continuar la subida lentamente.

D.2.5.2. ***Si es en rampa con la máquina a plena carga,*** trataremos de equilibrar la misma para que ambas ruedas soporten igual presión sobre el suelo. Si hay una zona resbaladiza, actuaremos como en el apartado anterior.

D.2.5.3. ***Si es en un lugar en que el terreno cede y se hunde una de las ruedas,*** introduciremos una plancha metálica resistente para que haya una zona donde realizar la tracción.

D.2.5.4. Si aun así no podemos mover la carretilla, tendremos que ***arrastrarla*** con un tractor de arrastre u otra carretilla. Al hacer esto, tendremos en cuenta que el cable de tracción ***deberá engancharse al gancho de la barra de tiro tanto del vehículo remolcado como del vehículo remolcador.*** Gancho que en las carretillas elevadoras suele estar situado en el contrapeso o en la parte opuesta a las horquillas.

D.2.6. Circulando, hay que vigilar constantemente ***la altura de los mástiles,*** ya que podemos entrar en contacto con tuberías, vigas, cables o salientes pudiendo provocar graves accidentes. Los resultados son siempre desastrosos. Hay que vigilar siempre el espacio libre sobre la cabeza.

D.2.7. Las esquinas son excelentes escenarios para las colisiones. Para evitarlas, ***debe conducirse lentamente en los virajes*** sin visibilidad y hacer sonar el avisador acústico antes de llegar.

D.2.8. Circular siempre ***con la carga a nivel de suelo.*** En caso de tener que frenar bruscamente, la inercia de la carga nos haría volcar la máquina frontalmente (ver estabilidad dinámica en el manual).

La ***carga sólo debe elevarse*** cuando estemos situados y posicionados frente al lugar donde vamos a efectuar la estiba.

D.2.9. Conducir ***lentamente*** al doblar las esquinas.

D.2.10. En los virajes ***sin visibilidad,*** hacer sonar el avisador acústico.

D.2.11. Al subir por una rampa, conducir ***con la carga hacia delante.*** Al descender por una pendiente, ***conducir hacia atrás*** de forma que la carga quede en la parte más elevada, de esta forma no se correrá el peligro de que la carga se deslice hacia delante.

D.2.12. Al descender por una pendiente, ***procurar no frenar bruscamente,*** conducir siempre en línea recta y, sobre todo, no intentar girar dentro de la misma, pues se correrá grave riesgo de vuelco lateral.

D.2.13. ***Al girar*** en un pasillo o en cualquier estancia tener cuidado ***con la posición del contrapeso,*** hay que tener en cuenta que cuando una carretilla gira, al contrario de lo que ocurre con un automóvil, lo que desplaza es la parte trasera. Deberemos tener en cuenta esta circunstancia para no dañar personas o instalaciones al efectuar esta maniobra.

D.2.14. Como consecuencia de lo anterior, ***al tomar una curva*** lo haremos de forma contraria a como lo haríamos en un automóvil, es decir, en lugar de ***"abrirnos"*** durante la ejecución de la misma, en el caso de la carretilla elevadora deberemos ***"cerrarnos"*** o "ceñirnos" a ella.

D.2.15. También, y como consecuencia de lo mismo y de la falta de visibilidad, deberemos ***reducir considerablemente nuestra velocidad*** al tomar cualquier tipo de curva.

D.2.16. Al circular, ***vigilar permanentemente la parte elevada del mástil*** con objeto de controlar posibles contactos con cables, instalaciones, vigas, etcétera.

D.2.17. Siempre que sea posible se circulará en ***el sentido contrario a la carga.*** En las carretillas contrapesadas se circulará teniendo en cuenta la visibilidad reducida y aplicando la cautela al máximo en los cruces y situaciones peligrosas. ***¡¡¡Nunca circular con la carga elevada para ver por debajo de la misma!!!***

D.3. Terminando el ciclo de trabajo

D.3.1. Vigilar ***la resistencia del suelo*** en todas las maniobras. Tanto al entrar en un camión, como al acercarse a un muelle, o a cualquier otra zona transitada.

D.3.2. Comprobar las planchas de acceso ***para entrar en camiones y vagones*** en cuanto a su anchura, resistencia y seguridad (comprobar la estabilidad en los remolques que no estén acoplados a los tractores antes de entrar en ellos).

D.3.3. Evitar las paradas ***repentinas.***

D.3.4. Las ***paradas rápidas*** son necesarias solamente en caso de emergencia. En caso contrario, debe pararse la carretilla gradualmente. Se salvarán cargas y se evitarán accidentes.

E) La seguridad

Comprobaciones previas.

Inspecciones ***visuales previas a la puesta en servicio*** de la máquina.

— Comprobar visualmente el entorno de la máquina.
— Comprobar si alrededor o debajo de la máquina hay restos de líquido, aceites, agua, ácido, etc.. que pudieran presuponer ***una pérdida*** y corresponder a un fallo en cualquier órgano de la misma.
— Comprobar el ***estado de los neumáticos*** o bandajes y, en su caso, presión de inflado.
— Comprobar visualmente el estado de ***cadenas, y anclajes del sistema de elevación*** (tablero, horquillas, mangueras, etc.).
— Comprobar:
  - ***En carretillas térmicas:*** Niveles de agua de refrigeración, aceites de motor, transmisión e hidráulico, líquido de freno, etc. Estado del dispositivo "de hombre muerto".
  - ***En carretillas eléctricas:*** Revisar los niveles de líquido del hidráulico, líquido de freno, carga de la batería, conectores, etc. Estado del dispositivo "de hombre muerto" y desconexión de emergencia.

La máquina

E.1. ***No arrancar una máquina*** antes de haber efectuado primero las siguientes operaciones:

E.1.1. Inspección visual ***de situación correcta*** para iniciar la marcha (ver si hay obstáculos que dificulten la salida).

E.1.2. Acceso al lugar de conducción de la forma correcta.

E.1.2.1. Colocar ***pies y manos*** para el acceso controlado.
E.1.2.2. Usar los ***asideros para el acceso*** y no el volante.
E.1.2.3. Situarse en el habitáculo del operador de forma que acceda ***a todos los mandos y palancas*** sin dificultad.

E.1.3. Comprobar en situación de parado:

E.1.3.1. El correcto funcionamiento de:
* Los ***frenos.***
* Todos ***los movimientos*** del hidráulico.
* Avisadores acústicos o cualquier sistema de iluminación, de trabajo o reglamentario.

E.1.3.2. Dispositivos ***de seguridad pasiva***, cinturones, etc.
* ***Arrancar la máquina*** (térmica o eléctrica) en la forma establecida por el fabricante.

E.2. ***No arrancar nunca*** una máquina desde el exterior de la misma, sin haber efectuado antes las operaciones descritas en el apartado anterior.

La carga

E.2.1. ***Antes de tomar cualquier carga*** deberemos cerciorarnos de que está en condiciones de ser transportada con total seguridad. No sólo desde el punto de vista del transporte e integridad de la propia carga, sino desde el punto de vista de la seguridad total, es decir, seguridad para el operador, compañeros, instalaciones, etc.

E.2.2. Es importante conocer la ***naturaleza del contenido*** y la integridad de la unidad de carga. En caso de transportar líquidos inflamables, materiales radioactivos, líquidos corrosivos, etc., deberemos tomar todas las precauciones en materia de seguridad. Es decir, ***deberemos señalar la naturaleza de la carga*** y comunicar de ***forma bien visible el tipo de carga, los riesgos a los que podemos estar expuestos y cómo proceder en caso de cualquier incidente.***

E.2.3. En caso de que la carga pueda ***resultar inestable o difícil de manipular,*** deberemos comunicarlo y advertirlo de la misma forma ***adoptando las oportunas medidas extra de seguridad.***

E.2.4. ***Nunca operar una carga con dos carretillas*** de forma simultánea. En el caso extraordinario de tener que realizarlo se tomarán todas las precauciones posibles desde el ángulo de la seguridad y con la presencia y coordinación del ***responsable de seguridad e higiene.***

E.2.5. Está ***totalmente prohibido alterar la capacidad de carga de cualquier tipo de carretilla elevadora,*** sea cual sea el sistema empleado.
Con frecuencia se intenta contrapesar la máquina:
De forma eventual:

1. Utilizando ***sacos o vigas*** sujetas al chasis o al contrapeso.
2. ***Colgando*** cualquier tipo de peso del gancho de arrastre.
3. ***Subiendo a algún compañero*** a la parte trasera de la carretilla y permaneciendo sujetos por el tejadillo protector del operador.

O de forma permanente:

4. Colocando un ***contrapeso mayor.***
5. ***Alterando la capacidad*** y colocación del contrapeso.
6. ***Modificando*** el centro de gravedad de la parte trasera.
7. ***Rellenando*** las partes huecas del contrapeso con barras de acero, plomo u otro material pesado, soldadas o atornilladas al chasis o al contrapeso.

Cualquiera de estas maniobras está ***totalmente prohibida.*** Al aumentar el contrapeso, aunque parezca que los motores tienen suficiente o sobrada potencia para mover la máquina y la carga, no modificamos la ***resistencia estructural*** de la carretilla, ni modificamos la ***resistencia del sistema hidráulico,*** por lo que estos elementos están sufriendo un enorme desgaste, que, generalmente, ***termina en rotura.***
Cuando se calcula la capacidad de las máquinas en los procesos de fabricación, se tienen en cuenta múltiples factores que intervienen en las maniobras que estas máquinas deben hacer de forma continuada. El tipo de perfil de los ***mástiles,*** las empaquetaduras de los ***sistemas hidráulicos,*** la resistencia de las ***cadenas y tableros*** de anclaje, ***rodamientos*** planos y angulados, discos y tambores ***de freno,*** sufren más de lo normal y acusan fatigas prematuras o roturas impensadas cuando se ***fuerza al límite*** y se sobrepasa la capacidad de trabajo para la que fueron diseñados.
En una carretilla elevadora los ***problemas de sobrecarga no sólo actúan sobre la estabilidad longitudinal o transversal,*** sino que actúan sobre todos los elementos mecánicos e hidráulicos suponiendo, cuando menos, fatigas, desgaste prematuro y posibilidades de roturas y accidentes.

El equipo

E.3. ***Todo operador/a irá equipado*** con aquellas prendas necesarias para el trabajo tanto genérico como específico y adaptará la indumentaria a la normativa general tanto en ***materia de seguridad e higiene como en la de prevención de riesgos laborales.***

- ***No llevará prendas que dificulten su visibilidad,*** como gorras, sombreros, etc., ni el pelo sobre la cara de forma que pueda ***suponer una merma en la visibilidad*** de forma continuada o esporádica.
- ***No llevará*** en brazos y piernas ***ropa excesivamente holgada,*** que pueda engancharse con pedales o palancas de control. Tampoco llevará cinturones que puedan dificultar su movilidad.
- ***El calzado*** será antideslizante y, a ser posible, sin cordones o, al menos, con los cordones anudados para no quedarse enganchados en los pedales. ***Las operadoras*** no podrán conducir con otro ***zapato que no sea el totalmente plano*** (sin tacones).
- En cuanto a las ***prendas propias para realizar un trabajo específico,*** como en minas, espacios radiactivos, zonas con protección antideflagrante, hornos de fundición, cámaras frigoríficas, laboratorios de alto riesgo o con zonas de esterilización, etc., deberá adecuar las mismas, conservando la normativa general enunciada más arriba, a la especifidad del trabajo a desarrollar.

El operador

E.3.1. Las carretillas elevadoras son abiertas para permitir que el conductor tenga acceso a las mismas, pero ***los brazos, piernas y la cabeza deben conservarse donde pertenecen*** mientras se avanza y opera en el dispositivo elevador.

E.3.2. Está terminantemente prohibido que cualquier otra ***persona que no sea el operador o conductor vaya subido en una carretilla elevadora,*** apilador, transpaleta o máquina transportadora de cualquier otro tipo.

E.3.3. También, está expresamente prohibido el que cualquier ***persona suba o permanezca suspendida de las horquillas*** de una máquina para efectuar un trabajo o alcanzar cualquier objeto inaccesible, como colocar o cambiar un luminoso, reparar una instalación eléctrica o substituir una tubería. Ni siquiera en el caso de algunas jaulas o contenedores que se habilitan para efectuar tareas de mantenimiento.

E.3.4. Cuando un ***operador sea suspendido a una determinada altura*** para efectuar trabajos de mantenimiento, debe ***encontrarse totalmente sujeto*** con cinturón de amarre, protectores de contacto, barandillas de protección, sistemas antivuelco, protección contra rotura de cadenas e hidráulicos y, además, ***prever la circunstancia de un mareo o desmayo*** de la persona elevada, tal como ocurre en las plataformas elevadoras telescópicas o de tijera o en los selectores de pedidos.

E.3.5. Aparte de todo lo anterior, ***cuando un operador efectúe un trabajo en altura*** debe tener ***los mandos de elevación, movimiento y descenso*** operativos tanto ***en el habitáculo de trabajo*** como accesibles ***desde el exterior de la máquina.***

E.3.6. Nunca debe abandonarse la perfecta situación en el puesto de conducción hasta que la máquina ***esté totalmente detenida,*** el motor totalmente parado, el freno de estacionamiento echado y, en su caso, los dispositivos de seguridad activados.

E.3.7. En cualquier situación, mantener siempre ***brazos y piernas*** dentro del habitáculo de protección.

E.3.8. Cuando el conductor sale de la carretilla, ***debe detener el motor,*** aplicar el ***freno de estacionamiento*** y dejar ***las horquillas totalmente bajadas.*** De esta misma forma debe encontrarla cuando regrese a ella de nuevo.

E.4. El entorno de trabajo

E.4.1. Muchos pisos viejos no soportarán una carretilla elevadora y su carga. Cuando ***exista alguna duda*** sobre la ***resistencia del piso,*** compruébese antes de utilizarlo.

E.4.2. Procurar no estacionar las ***máquinas al borde de los muelles,*** ya que cualquier nuevo conductor puede, al efectuar un giro, desestabilizar la carretilla y caer al vacío.

Los incidentes

E.5. En caso de ***vuelco*** de máquina deberemos tomar las siguientes precauciones:

E.5.1. ***Nunca*** hay que tratar de ***abandonar*** el puesto de conducción por el lado por donde la máquina está cayendo. El ***punto más seguro de la carretilla*** es el habitáculo de conducción; por lo tanto, no sacaremos ni manos ni pies fuera de él.

E.5.2. Nos agarraremos con fuerza de los ***asideros de la parte opuesta a la caída.*** Nunca a las palancas, volante, pedales, o cualquier otro saliente que no esté sólidamente anclado al bastidor.

E.5.3. Una vez quede el chasis inmovilizado, trataremos de salir por la ***parte opuesta a la caída,*** tratando antes de parar el motor en las carretillas térmicas o pulsando la palanca o el ***botón de desconexión*** en las eléctricas.

E.5.4. Si la máquina es eléctrica, evitaremos ***que derrame el electrolito de la batería,*** ya que es altamente corrosivo. Después, desconectaremos los terminales de la batería.

E.5.5. Si la máquina es térmica, trataremos de parar el motor y evitar que ***derrame combustible.*** En cualquier circunstancia, daremos aviso al personal de mantenimiento y de seguridad e higiene.

El final de la jornada

E.6. ***Al terminar la jornada de trabajo,*** el turno, o el uso de la máquina, hay que prepararla de manera que, cuando vuelva a estar de nuevo en servicio, mantenga su buen estado y esté en las mejores condiciones posibles para su uso y ***protegida de cualquier tipo de contingencia.***
Por ello, deberemos observar los siguientes cuidados:

E.6.1. El motor estará ***completamente parado.***

E.6.2. La colocación de la máquina será la ***correcta dentro de la zona que le corresponde*** y no molestará el resto de la actividad del almacén o fábrica, ***ni interrumpirá ningún paso o salida*** de personal o de urgencia.

E.6.3. El mástil estará algo inclinado hacia delante, sin carga en las horquillas o implemento ***y reposando completamente en el suelo.*** Las mangueras no quedarán pilladas ni forzadas en ninguna posición.

E.6.4. La ***llave de contacto*** estará en su lugar (llavero general, oficina de control o personal de seguridad, etc.), a salvo de que cualquier ***persona no autorizada pueda hacer uso de la máquina.***

E.6.5. Si la máquina es eléctrica, se dejará en ***la zona de carga de baterías*** realizando la misma. Si es por un período de tiempo que no implique su carga, quedará ***desconectada y desembornada por el interruptor general.***

E.6.6. Si reposa en un lugar en rampa o pendiente, dejaremos la ***dirección girada unos 45°,*** apuntando el centro del radio de giro hacia un muro o zona sólida que detenga la máquina en caso de fallar los frenos de estacionamiento.

F) Diferencias en la conducción según el tipo de carretillas

- Un porcentaje elevado de máquinas para el movimiento y proceso de cargas es del ***tipo contrapesado.*** Es decir, la carga es equilibrada por un contrapeso.
- La estabilidad longitudinal es conseguida mediante la superación del momento de vuelco (peso de la carga por la distancia del eje al centro de gravedad de la misma) por el momento de la máquina (peso de la máquina por la distancia del c. d. g. al centro del eje de carga) en un porcentaje llamado factor de seguridad y que nunca debe ser inferior al 20% debido a la influencia de la estabilidad dinámica.
- Otro porcentaje importante es del tipo denominado ***retráctil***, en que cuando circulan llevan la carga descansando entre los dos ejes, pero cuando estiban o desestiban impulsan o deslizan la carga hasta colocarla delante del eje delantero comportándose en ese momento como una carretilla contrapesada a todos los efectos.
- La diferencia fundamental entre ambas a la hora de conducir un tipo u otro estriba en la colocación de la carga y del operador.
- En las ***carretillas contrapesadas*** el operador ***conduce en dirección al eje longitudinal*** de la máquina y ***lleva la carga y las ruedas de tracción delante.*** El ***eje trasero es el directriz,*** por lo que el comportamiento de la dirección es totalmente opuesto al de la conducción de un automóvil tal y como ya hemos comentado en los párrafos ***D2.13*** y ***D2.14.***
- En las ***carretillas de carga retráctil*** el operador conduce sentado de ***forma transversal al eje de marcha*** y en dirección opuesta a la carga, teniendo el ***eje directriz*** delante en el sentido de la marcha ***y la carga, con el eje de tracción, en la parte trasera.*** Esta forma de conducir se asemeja más a la del automóvil, tal como se comenta en los párrafos ***D2.13*** y ***D2.14***.
- En ambas máquinas el proceso de estiba y desestiba se produce de la misma forma, salvo la maniobra de retractar o empujar la carga. Es decir, ambas atacan las pilas o estanterías por el lado de las ruedas de tracción haciendo el giro dentro del pasillo de la misma forma.

- Otro tipo de máquina de manutención es la transpaleta, así llamada por servir exclusivamente para transportar cargas, sin elevarlas. Pueden ser de ***conductor sentado, semisentado o acompañante. Su conducción no difiere en nada del de las máquinas retráctiles.***
- Si a una transpaleta, ya sea de conductor sentado, semisentado o conductor acompañante, le ponemos un mástil para elevación de cargas, tendremos ***un apilador*** de mástil fijo. ***La conducción es igual que la de retráctiles y transpaletas*** y la elevación es, con restricciones —los mástiles de los apiladores no tienen retracción ni inclinación—, semejante a la de las máquinas retráctiles.
- Tanto los apiladores como las transpaletas de conductor acompañante ***se conducen siempre en dirección al timón y en sentido contrario a la carga.*** Es ***muy importante saber que la huella del conductor en su marcha debe ir necesariamente por fuera de la huella que va pisando la transpaleta o apilador,*** en especial si caminamos por una pequeña pendiente.
- Cuando las cargas son excesivamente alargadas, tubos de fibrocemento o de plástico, tablones de madera, troncos, planchas de acero o contrachapado, contenedores, etc. se llevan en carretillas especiales, denominadas ***de carga lateral.***
- La particularidad de estas máquinas es ***que transportan la carga longitudinalmente*** en lugar de llevarlas transversalmente. ***El mástil está situado en un lateral*** y el tablero es extraordinariamente dimensionado. El chasis y los elementos mecánicos son parecidos a los de un camión, por lo que la ***conducción es semejante a un camión de medio tonelaje.***
- En algunos almacenes se ***emplean selectores o preparadores de pedidos.*** Son máquinas especialmente diseñadas para repartir el contenido de una paleta en diversos contenedores o unir en una paleta (confeccionar un pedido) el contenido de varias otras paletas. Estas ***máquinas se conducen sin girar ni estibar,*** ya que el operador maneja los artículos manualmente y no las paletas. Tienen ***restricción en su velocidad de traslación*** en función de la altura a la que se desplaza el operador por el pasillo.
- En pasillos superestrechos, entran máquinas que no estiban girando dentro del pasillo, sino que desplazan lateralmente las horquillas o giran un cabezal con el tablero y las horquillas. Son las ***carretillas trilaterales, torres o de cabezal telescópico.*** Suelen estar automatizados los movimientos de parada, selección de altura y maniobras de estiba. Se comportan, a la hora de ser ***conducidas, como carretillas contrapesadas.***

3.2. CARGAS ESPECIALES

No todas las cargas son ***manejadas por las horquillas.*** Las características de alguna de las unidades completas de carga requieren un manejo especial por su forma y, especialmente, por el sistema en que son suspendidas.

Toda unidad completa de carga se compone de dos partes: el soporte y la carga. El soporte es el contenedor y la carga el contenido. Según la naturaleza de la carga, así será su soporte.

Según la naturaleza de la carga podemos dividir los soportes en:

a) **Cestones o contenedores.** Se utilizan cuando la carga es inestable por ser elementos de poco volumen y mucha cantidad. Ejemplo: repuestos, graneles, frutas, etc.
b) **Cubas o bidones para líquidos no envasados,** como productos químicos, graneles líquidos, vinos, etc.
c) **Láminas de plástico o cartón** para manejo de empujadores recogedores sin empleo de paleta.
d) **Paleta normal, de madera, plástico, acero, etc.** Retornables o no retornables.

Según la naturaleza del soporte, así deberá ser el ***implemento***. En principio, hay cuatro grandes bloques.

a) **Implementos mecánicos.** Aquellos cuyo accionamiento es manual o de tipo mecánico. Tanto su anclaje como su accionamiento.
b) **Implementos hidráulicos.** Son los que utilizan uno o varios servicios hidráulicos a través de la carretilla.
c) **Implementos eléctricos.** Son los que utilizan uno o varios servicios accionados por motores eléctricos alimentados por la energía de la batería de la máquina.
d) **Implementos electrohidráulicos.** Son los que utilizan uno o varios servicios accionados por motores hidráulicos, motores eléctricos alimentados por la energía de la batería de la máquina o dispositivos hidráulicos con algún servicio accionado por motor eléctrico.

Según hagan el trabajo de forma continuada o alternen el mismo con otros accesorios mecánicos, hidráulicos u horquillas, podrán ser:

a) De utilización continua
b) De utilización discontinua.

Según la forma en que la carga y su soporte sea tomada por el implemento, podrán ser:

a) **De carga suspendida.** Cuando la carga está enganchada por la parte superior y cuelga del punto o puntos de anclaje. Ejemplos: bolsas de productos químicos suspendidas de ganchos; contenedores suspendidos por *spreaders,* etcétera.
b) **De carga soportada.** Cuando la carga gravita con todo su peso en el soporte. Es el más usual. Ejemplos son: paletas, plataformas, cestones, etc.
c) **De carga tomada a presión.** Cuando la carga es prensada lateralmente por unos brazos y basan la sujeción en sustancias antideslizantes. Ejemplo: pinzas para balas de papel, bobinas, electrodomésticos, etc.

Por la forma en la que el soporte "contiene" la carga y la facilidad para su "toma" por la carretilla, deberemos montar en la ***misma un implemento que nos ayude a tomar la carga,*** transportarla, manipularla, estibarla y desestibarla con total seguridad para la integridad de la propia carga, del operador, instalaciones y demás personal cercano a las maniobras.

Los implementos pueden clasificarse por su uso, independientemente de que sean mecánicos, eléctricos, hidráulicos y sea cual sea su tipo de anclaje a la carga.

a) ***Spreaders.*** Los grandes contenedores de más de 20 toneladas, al ser tomados con horquillas, pueden llegar a deformarse. Para evitarlo, suelen tomarse con unas armaduras llamadas ***spreaders,*** de accionamiento hidráulico o mecánico, que suspenden la carga por las cuatro esquinas superiores. También existen ***spreaders*** de acoplamiento frontal o lateral, fijos o telescópicos.
b) **Pinzas.** Son dispositivos que llevan acoplados unos brazos de apriete, generalmente accionados por fluido hidráulico, que toman la carga para **manipularla presionándola por los laterales.** Algunas pueden girar la carga para tomarla tumbada y estibarla derecha o viceversa. Pueden llevar desplazadores laterales para posicionarla con más precisión o dispositivos para rotarla 360°.
   Existen pinzas para uso general con brazos intercambiables y de uso específico, como pinzas para balas de papel, para bobinas de papel o acero, para electrodomésticos, para cerámica, etc.

c) **Desplazadores laterales.** Cuando vamos a dejar una carga en una pila y disponemos de poco espacio para maniobra, es conveniente que la carga pueda **desplazarse lateralmente** y a ambos lados unos centímetros. De esta forma no tendremos que efectuar nuevas maniobras para ajustar la misma al hueco preciso. Esta maniobra puede hacerse mediante un tablero especial con accionamiento hidráulico que se desliza unos centímetros en ambos sentidos.

d) **Empujadores recogedores de carga.** Para el manejo de cargas **paletizadas sin paletas,** existe un dispositivo hidráulico que mediante unas horquillas muy finas y resistentes y una lámina de plástico o cartón especial "recogen" la carga que, deslizándose por las horquillas, queda retenida y puede ser transportada. Al llegar al lugar de descarga puede ser "empujada" de nuevo, reteniendo la lámina de plástico o no, y dejada en su pila o en el camión o contenedor.

e) **Otros dispositivos:** existe una gran diversidad de dispositivos mecánicos, hidráulicos o eléctricos para ayudar a manipular cargas, alguno de los principales son: cucharones de carga para áridos, cucharas basculantes, tolvas con inclinación, horquillas telescópicas, prensores de carga, estabilizadores de carga, posicionador hidráulico de horquillas, vástagos para manejo de tubos o alfombras, ganchos de suspensión para colgar sacos, eslingas, plumas con gancho mecánico o hidráulico, brazos de grúa, pesadores de cargas, etcétera.

CAPÍTULO 4

SITUACIONES DE RIESGO MÁS FRECUENTES

4.1. CAÍDA DE LA CARGA DESDE UNA ALTURA

CÓMO SE PRODUCE

Al dejar o coger una carga en una pila o en la bandeja de una estantería, podemos tener dos riesgos principales:

a) **La unidad de carga no es lo suficientemente estable** y al realizar una maniobra cae la paleta completa, parte de ella o alguno de los artículos que transportamos.
b) Al **no realizar la maniobra de forma correcta,** desestabilizamos alguna de las cargas situadas junto a la movida y la dejamos en riesgo de que en otro momento, al intentar retirarla, la paleta, parte de ella o alguno de sus componentes caigan sin control con el consiguiente peligro de alcance a las instalaciones o a personas.

CÓMO EVITARLO

Las maniobras de colocación o toma de la unidad de carga **deben ser precisas** y tomando el tiempo necesario para su perfecta realización.

Para realizar una maniobra correcta, deberemos tener en cuenta los siguientes consejos:

a) No realizar nunca jornadas de trabajo de **más de ocho horas** continuas.
b) En jornadas continuas, **descansar cinco minutos** por cada dos horas.
c) En jornadas continuas de ocho horas, poner mucha atención en la **primera, séptima y octava hora,** pues son las de menor rendimiento; por iniciación la primera y por cansancio el resto.

d) **Dar preferencia a la precisión** de la maniobra **sobre la rapidez.** Está demostrado que con precisión y concentración en las maniobras los ciclos son más cortos que con maniobras rápidas y poco precisas.
e) **A determinadas alturas,** la perspectiva angular es poco fiable. En ese caso hay que instalar en las máquinas **dispositivos de selección de alturas,** bien ópticos, mecánicos, electrónicos, etc.
f) **No admitir nunca una carga inestable,** mal equilibrada o que se mueva dentro de su contenedor.
g) Identificar **siempre la naturaleza de la carga:**

   1. Su peligrosidad: sustancias químicas, radiactivas, deflagrantes, etc.
   2. Su peso y situación del c. d. g.
   3. Su estado: sólido, líquido o gas.
   4. Estado del soporte de la paleta.

h) Cuando, dentro de la estantería, la carga esté flanqueada por otras, **no iniciar el giro** antes de haber retirado la totalidad de la unidad a tomar.
i) En caso de llevar **desplazador lateral, situarlo en la mejor posición** para no rozar las cargas contiguas y, una vez dejada la carga, **situarlo de nuevo en la posición centrada.**

CÓMO MINIMIZAR SU EFECTOS

Si la carga, o parte de ella, cae en zona de trabajo o de circulación de personas, trataremos de **avisar a las personas que se hallan en los alrededores** mediante el avisador acústico o simplemente a voces.

Una vez producida la caída de la carga, examinaremos la situación por fases:

a) **Comprobar si ha habido algún herido.** En caso de ser así, no moverle ni trasladarle, avisar al médico lo antes posible. Poner al herido boca arriba con la cabeza lateral y taparle con una manta.
b) Comprobar si al caer la carga se ha **dañado alguna estructura** que pudiera ocasionar nuevas caídas de estanterías o de cargas apiladas.
c) Comprobar el estado de la máquina. Si ha recibido algún impacto **parar el motor,** en el caso de ser térmico o **quitar el contacto** en el caso de motor eléctrico.
d) En caso de máquinas térmicas, comprobar si ha **habido pérdida de líquidos inflamables,** combustibles o aceites y proceder a su limpieza según el caso.

e) En caso de máquinas eléctricas, **pulsar el interruptor de desconexión de emergencia.** Comprobar el estado de los componentes de la batería, vertido de ácido, cables peligrosos, fisuras en la caja de la batería, etc.

f) Llamar al responsable de mantenimiento o del servicio técnico y proceder a levantar la máquina y evaluar los daños para su reparación antes de continuar el trabajo, **INCLUSO EN EL CASO DE QUE PAREZCA QUE NO HA HABIDO NINGÚN TIPO DE DAÑO.**

g) **Recomponer** las cargas afectadas, revisando a fondo los daños producidos y **revisar con el máximo detalle la resistencia de las paletas.** En caso de no estar en perfecto estado, enviarlas a reparar sustituyéndolas por otras en buen estado.

4.2. CAÍDA DE UN TRABAJADOR DESDE UNA ALTURA

CÓMO SE PRODUCE

En ocasiones es necesario efectuar reparaciones de mantenimiento a determinada altura, en instalaciones de aire acondicionado, ventilación, eléctricas, agua, antiincendios o, simplemente, cambiar un tubo fluorescente del sistema de alumbrado. Es frecuente ver que **algún operario de mantenimiento pide que le suban con una carretilla poniendo una paleta en las horquillas** y que le sitúen en la posición de trabajo.

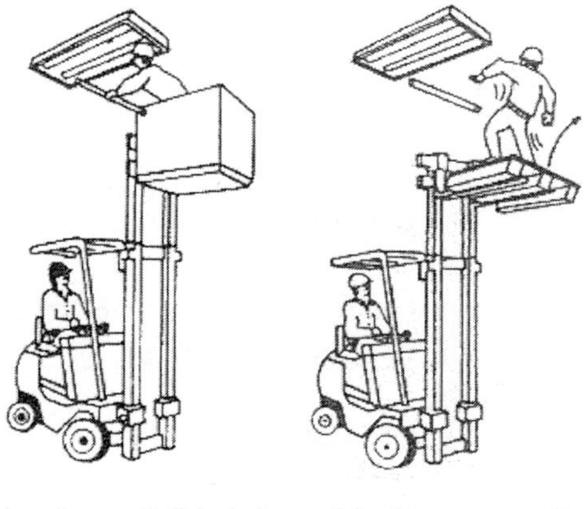

El riesgo es elevado y la posibilidad de accidente es muy alta. Para efectuar cualquier trabajo de mantenimiento es necesario **un dispositivo que eleve al operador y que lo mantenga con total y absoluta seguridad,** es decir, que en caso de mareo o pérdida de equilibrio permanezca alejada de todo peligro de caída. Estas operaciones

hay que realizarlas con plataformas elevadoras de tijera o telescópicas y el operador debe estar sujeto con un arnés suficientemente robusto a la barandilla de protección. Además, debe tener doble mando de elevación y descenso tanto en la parte elevada como en tierra.

Tampoco debe **una persona permanecer suspendida de unas cadenas,** como en el caso de una carretilla, ya que la rotura de las mismas conduciría a la caída libre del tablero portahorquillas y, consecuentemente, de las horquillas y de la paleta donde se encuentra el operario.

CÓMO EVITARLO

Evitar, siempre, dejar la máquina con la llave de contacto puesta. Negarse rotundamente a efectuar este tipo de maniobras, incluso siendo "por muy poco tiempo". En caso de presiones, **ponerlo en comunicación del responsable de seguridad.**

CÓMO MINIMIZAR SUS EFECTOS

En caso de caída, no mover al herido ni trasladarle, avisar al médico lo antes posible. Poner al herido boca arriba con la cabeza lateral y taparle con una manta.

4.3. VUELCO FRONTAL

CÓMO SE PRODUCE

Cuando la máquina está **cerca del límite de su capacidad máxima residual** o se supera por mala colocación de la carga (desplazamiento hacia delante del centro de gravedad de la misma) y se produce una deceleración brusca, la máquina vuelca hacia delante por pérdida de estabilidad dinámica.

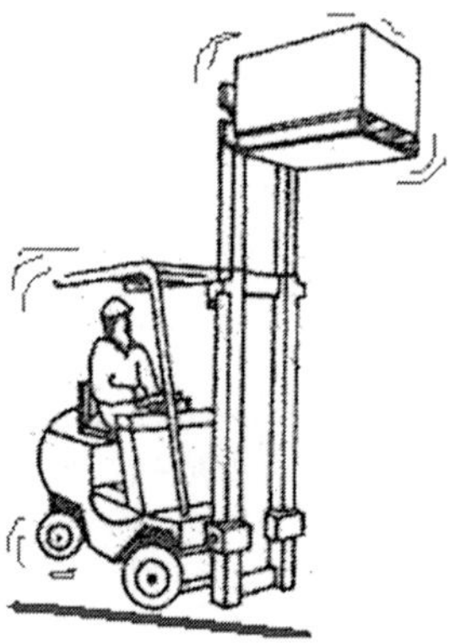

Cuando se desciende una pendiente sin compensar la inclinación de la misma con la inclinación hacia atrás del mástil, estando al límite de capacidad residual.

CÓMO EVITARLO

Antes de iniciar un recorrido o coger/dejar una carga, deberemos saber si está dentro de los **límites de seguridad.**

Si es una carga cuyo peso no conocemos, la desplazaremos hacia delante un 20% de la longitud de la unidad de carga. **Si el eje trasero pierde adherencia,** deberemos hacer la comprobación del peso de la paleta y de la distancia de carga.

CÓMO MINIMIZAR SUS EFECTOS

Si la máquina vuelca hacia delante, tarda unos segundos en caer totalmente. Durante ese tiempo, trataremos de **avisar a las personas que se hallan en los alrededores** mediante el avisador acústico o simplemente a voces.

No abandonaremos la zona del conductor ni sacaremos manos o pies por fuera del habitáculo del tejadillo de protección.

Una vez producido el vuelco frontal, examinaremos la situación por fases:

a) **Comprobar si ha habido algún herido** y proceder como en el caso de caída, alejándole de la zona del siniestro.
b) Comprobar si al caer se ha **dañado alguna estructura** que pudiera ocasionar nuevas caídas de estanterías o de cargas apiladas.
c) Comprobar el estado de la máquina volcada y **parar el motor,** en el caso de ser térmico, o **quitar el contacto** en el caso de motor eléctrico.
d) En caso de máquinas térmicas, comprobar si ha **habido pérdida de líquidos inflamables,** combustibles o aceites y proceder a su limpieza según el caso.
e) En caso de máquinas eléctricas, **pulsar el interruptor de desconexión de emergencia.** Comprobar el estado de los componentes de la batería, vertido de ácido, cables peligrosos, fisuras en la caja de la batería, etc.
f) Llamar al responsable de mantenimiento o del servicio técnico y proceder a levantar la máquina y evaluar los daños para su reparación antes de continuar el trabajo, **INCLUSO EN EL CASO DE QUE PAREZCA QUE NO HA HABIDO NINGÚN TIPO DE DAÑO.**

4.4. VUELCO TRANSVERSAL

CÓMO SE PRODUCE

Con máquina parada: teniendo la carga en alto, el vuelco lateral se produce por las siguientes circunstancias:

a) **La carga está situada hacia uno de los laterales** o la carga no es regular y tiene desplazado su centro de gravedad hacia uno de los lados.
b) Subir una carga con **el desplazador lateral situado en un extremo.**
c) En grandes **alturas echar el mástil hacia atrás** posibilitando la salida del centro de gravedad de la carga del triángulo estable.

Circulando:

1. **Girar bruscamente el volante** en el giro de un pasillo. La carga en alto aumenta el riesgo de vuelco.
2. Tomar una curva con **exceso de velocidad.**
3. Girar de **forma inadecuada en una rampa o pendiente** en lugar de superarlas en línea recta.

CÓMO EVITARLO

Equilibrar la carga tanto en sentido longitudinal como en sentido frontal.

Situar el desplazador lateral, después de hacer uso de él, en posición centrada.

Equipar las máquinas **con limitadores de inclinación atrás** cuando tengan que elevar a más de 4.500 mm.

Al girar, tanto en el pasillo como en las intersecciones, hacerlo **de forma gradual** ciñéndose hacia dentro del giro. En las carretillas frontales o contrapesadas, hay que tomar las curvas "cerrándose" y no "abriéndose", como se hace con los automóviles. Esto es debido a que la dirección la llevan en el eje trasero y no en el delantero.

CÓMO MINIMIZAR SUS EFECTOS

En este caso hay que actuar exactamente como en el caso del vuelco frontal.

4.5. CAÍDA DESDE MUELLE

CÓMO SE PRODUCE

La caída desde un muelle se produce por la **mala colocación** de la transición de muelle a contenedor, camión, vagón, etc.

Por **mal anclaje de los topes** del muelle (si es de compensación, eléctrico, mecánico o hidráulico) o por la **deficiente inmovilización del transporte** que va a recibir la carga, camión, vagón o contenedor.

Por circular **a lo largo de la línea de descarga** y muy cerca del borde, pues al girar a la izquierda la máquina, el eje trasero se desplaza hacia la derecha y viceversa, saliendo las ruedas exteriores por fuera del muelle.

CÓMO EVITARLO

Asegurar bien el muelle, la rampa de unión y el transporte, contenedor, camión o vagón antes de iniciar la transición con la carga.

Al circular por un muelle, **hacerlo lo más alejado posible del borde de carga.** En caso de tener que girar cerca de la línea o borde de carga con una carretilla contrapesada, **hacerlo marcha atrás.**

CÓMO MINIMIZAR SUS EFECTOS

No abandonaremos la zona del conductor ni sacaremos manos o pies por fuera del habitáculo del tejadillo de protección. Nos **agarraremos con fuerza al asidero contrario al lugar de la caída** y, de no haberlo, sujetaremos fuertemente el volante. Nos inclinaremos hacia delante y situaremos los pies en zona cercana al asiento y lejos de los pedales.

Una vez producida la caída, examinaremos la situación por fases:

a) Comprobar si ha habido **algún herido** y proceder como en el caso de caída, alejándole de la zona del siniestro.
b) Comprobar el estado de la máquina volcada y **parar el motor,** en el caso de ser térmico, o **quitar el contacto,** en el caso de motor eléctrico.

c) En caso de máquinas térmicas, comprobar si ha **habido pérdida de líquidos inflamables,** combustibles o aceites y proceder a su limpieza según el caso.
d) En caso de máquinas eléctricas, **pulsar el interruptor de desconexión de emergencia.** Comprobar el estado de los componentes de la batería, vertido de ácido, cables peligrosos, fisuras en la caja de la batería, etc.
e) **Llamar al responsable de mantenimiento** o del servicio técnico y proceder a levantar la máquina y evaluar los daños para su reparación antes de continuar el trabajo, **INCLUSO EN EL CASO DE QUE PAREZCA QUE NO HA HABIDO NINGÚN TIPO DE DAÑO.**

4.6. COLISIÓN CON EL MÁSTIL

CÓMO SE PRODUCE

Todas las máquinas tienen un **gálibo fijo en orden de marcha.** Los mástiles suben unos centímetros sin modificar este gálibo. Esta distancia que recorre el mástil sin modificar su gálibo se llama **elevación libre.** Algunos mástiles tienen lo justo para levantar la carga y transportarla y otros tienen elevación libre total.

Si pasamos por una puerta de igual o menor altura que el gálibo de la máquina, el mástil tocará el marco de la puerta. Esto también ocurrirá cuando pasemos por **un sitio donde discurran tuberías, cables, cerchas** u otros objetos situados a una altura inferior al marcado por la máquina.

CÓMO EVITARLO

Al pasar **por debajo de cualquier obstáculo,** deberemos tener la absoluta certeza de que éstos están situados, al menos, **un centímetro más alto que la parte más elevada de nuestro mástil.**

Hay que llevar **la carga, siempre, a unos centímetros del suelo.** Nunca elevar la misma cuando se circula.

CÓMO MINIMIZAR SUS EFECTOS

En caso de quedar atrapado en una puerta, dar **marcha atrás con el máximo cuidado,** teniendo en cuenta si los desperfectos de la puerta (correderas, guías, etc.)

han quedado en situación de peligro de desprendimiento. Avisar a Seguridad y Mantenimiento.

Si la colisión es contra una **conducción de líquido o gas,** no hay que mover la máquina hasta que los técnicos de mantenimiento den autorización. Puede ocurrir que **al liberar el mástil se desprenda la conducción** y se produzca un vertido no deseado, que puede ser ácido, aceite o un líquido a presión, gas inflamable, etc.

Si la colisión **es con unos cables eléctricos,** trataremos de salir de la máquina **sin tocar ninguna parte metálica,** como tejadillo, rejilla de protección, etc., y **saltaremos desde el habitáculo hasta el suelo** apoyándonos solamente en el volante y de una sola vez. Se avisará urgentemente a Mantenimiento.

4.7. COLISIÓN CIRCULANDO

CÓMO SE PRODUCE

— **Falta de visibilidad en los cruces** y pasos por puertas.
— **Exceso de velocidad.**
— Situaciones imprevistas en personal del almacén.
— Objetos abandonados **en el suelo.**

CÓMO EVITARLO

No circular nunca sin la total visibilidad de la zona que vamos a recorrer.

Adecuar la velocidad a la situación en la que nos desenvolvemos. Si hay personas alrededor, trabajando, deberemos circular con la total seguridad de que somos vistos.

Anticiparse a la acción de las personas que nos rodean, tener previstas sus posibles reacciones y estar preparado para solucionar cualquier contingencia.

Tratar de evitar cualquier objeto que veamos en el suelo, como astillas, trozos de metal, tapaderas de registros, pasos provisionales, etc. De no poder hacerlo, pasar con la mínima velocidad y el máximo de precauciones.

CÓMO MINIMIZAR SUS EFECTOS

Primero atender a las personas afectadas. Posteriormente evaluar los daños y avisar al servicio de mantenimiento.

4.8. HUNDIMIENTO DEL PISO

CÓMO SE PRODUCE

Puede ser por presión o por peso.

Si es por peso, el hundimiento es producido por un **forjado deficiente** o de poca resistencia por metro cuadrado. Suele ocurrir cuando las máquinas trabajan en alguna zona en construcción o en una planta alta.

Por presión, cuando las ruedas se hunden **en el piso de un camión** o de **un terreno fangoso** o con poca **dureza en el forjado.**

CÓMO EVITARLO

Antes de entrar en una zona que no conozcamos, habrá que pedir información sobre su **resistencia por metro cuadrado.** Si no se sabe, es mejor evitar circular por esa zona y si no hubiera más remedio, lo haremos, en principio sin carga y **poco a poco con cargas en aumento.** Trataremos de circular lo más cercano posible a las zonas donde haya muros de carga o columnas.

En un camión, **comprobaremos antes de entrar el estado de las tablas** de madera o del recubrimiento metálico. En el suelo, si el forjado es de la dureza suficiente.

En general, en el caso de las tablas de un camión, el mayor problema suele ocurrir con **las máquinas contrapesadas de tres ruedas,** ya que, cuando están descargadas, gran parte del peso bascula sobre la rueda directriz situada bajo el contrapeso. Al ser la mitad de superficie (sólo hay una rueda) la presión es enorme.

En terrenos resbaladizos circularemos con mucho cuidado, ya que las carretillas no suelen ir equipadas con bloqueo de diferencial y la máquina puede quedar **atrapada con una rueda hundida en el fango.**

Si es frecuente este problema, equiparemos la máquina **con ruedas de mayor anchura o, incluso, con doble rueda** para darle mayor superficie de agarre y, si el lugar de trabajo fuera de tales características que el problema fuera continuo, como en el caso de almacenes de troncos de madera, sería necesario realizar el trabajo con una máquina específica de todo terreno.

CÓMO MINIMIZAR SUS EFECTOS

En caso de hundimiento por exceso de peso, actuaremos de la misma forma que en la de vuelco desde un muelle.

En el caso de quedar atrapado por hundimiento de una o varias ruedas en el solado, trataremos de mover la máquina **tirando de ella con una grúa u otra máquina utilizando el gancho de la barra de tiro** que todas las máquinas tienen en el contrapeso.

4.9. DESESTABILIZACIÓN DE LAS CARGAS

CÓMO SE PRODUCE

— Introducción o toma de una **carga en mala posición.**
— **Incorrecta maniobra** de colocación o toma de una carga.
— Formación incorrecta de **la unidad de carga.**

CÓMO EVITARLO

Realizar las maniobras **con precisión, sin prisas y comprobando,** al sacar una carga, cómo quedan el resto de las cargas.

Nunca formar una unidad de carga **sin equilibrar la misma en ambos ejes.** Procurar que la misma no sobresalga de la paleta.

Si la máquina circula por lugares donde hay baches, juntas de dilatación, carriles, etc. o un suelo desigual o rugoso comprobar, antes de levantar la carga para estibar, que la misma **no ha sido afectada por los movimientos bruscos del recorrido.** En caso necesario, volverla a **estabilizar antes de elevarla.**

CÓMO MINIMIZAR SUS EFECTOS

Si cae una carga desde la altura de estiba, el tejadillo debe resistir sin deformación ninguna el impacto.

Los peligros de impacto de la carga pueden ser para las personas que estén cerca del lugar de la estiba. En ese caso actuaremos como en los casos anteriores.

4.10. FALLOS MECÁNICOS

CÓMO SE PRODUCE

Hay fallos mecánicos que tienen repercusión inmediata sobre la **seguridad de la carga,** las instalaciones, el operador y personas cercanas al lugar de trabajo.

Un ejemplo puede ser la **pérdida de los frenos, la rotura de las cadenas del tablero portahorquillas, los contactos "pegados" en las carretillas eléctricas, etc.**

CÓMO EVITARLO

Todas las carretillas deben pasar tres tipos de mantenimiento:

1. **Mantenimiento preventivo.** Se realiza cada cierto número de horas **y está planificado para corregir los previsibles fallos** que pudieran ocurrir por el desgaste o la fatiga de determinadas piezas o de determinados materiales. En él se detectan consumos anormales, o situaciones repetitivas que permiten, mediante un control adecuado, **detectar un fallo antes de que se produzca** y cree una situación de peligro.
2. **Mantenimiento correctivo.** Se realiza cuando, a pesar del mantenimiento preventivo, surge una circunstancia anómala y es necesario **efectuar reparaciones o reglajes fuera de lo previsto.**
3. **Mantenimiento diario.** Es la revisión que el operador **efectúa diariamente antes de iniciar la jornada** y que permite ver si durante el período de estacionamiento se ha producido alguna pérdida de líquido, agarrotamiento de algún órgano, etc. Es, más bien, **una inspección visual y una comprobación de los distintos sistemas** tanto de su integridad como de su funcionamiento.

CÓMO MINIMIZAR SUS EFECTOS

En caso de fallo mecánico, es difícil prever las situaciones que se pueden crear. Mucho menos tratar de minimizar sus efectos.

Sin embargo, **éstos no difieren mucho de los ya vistos anteriormente,** por lo que su resultado, sea el que sea, estará contenido en los supuestos ya vistos anteriormente y, por lo tanto, podemos aplicar lo ya visto en todas y cada una de las situaciones anteriores.

4.11. RESUMEN DEL ANÁLISIS DE RIESGOS, SU PREVENCIÓN Y SU CORRECCIÓN

4.11.1. Caída de cargas transportadas

— Construir **correctamente las cargas,** paletas, elementos bien compactados mediante flejado o retractilado.
— Ubicación correcta y **bien equilibrada** de la carga.
— Evitar el enganche, el choque contra estanterías, etc.
— Buena visibilidad e iluminación.

4.11.2. Caída de elementos grandes

— Existencia de **tejadillo protector del operador** y respaldo protector de carga.

4.11.3. Caída de pequeños elementos

— Utilización de contenedores (cajas, paletas) bien adaptados.
— No sobrepasar los bordes de la caja por parte de los objetos. Cabina dotada de **tejadillo protector** de malla o parrilla.

4.11.4. Caída de objetos almacenados

— Presencia de un tejadillo protector adaptado a la altura de almacenamiento y al peso de las unidades apiladas. (No deformación del tejadillo con la **carga máxima residual desde la máxima altura de carga**).

— Constitución de **apilados estables** de altura razonable, sobre suelo horizontal y resistente. Estanterías bien adaptadas.
— Vigilar que no se enganchen los elementos apilados en las estanterías con partes de la carretilla (brazos de las horquillas, mástil, etc.). No empujar las bases de las pilas con la carretilla.

4.11.5. Caída del conductor

— Al subir o bajar.
— En marcha.
— Estribo correcto con material antiderrapante.
— Asidero vertical, a la largo del mástil.
— Nunca inclinarse hacia el exterior.
— Utilización de **retenedor de asiento**; de no haberlo, usar cinturón de seguridad, tipo "automóvil".
— No dejar sobrepasar ninguna parte del cuerpo fuera del gálibo de la carretilla.

4.11.6. Caída o basculamiento de la carretilla

— Pasillos de circulación sólidos, lisos, horizontales y bien delimitados.
— No aproximarse indebidamente a los bordes de los muelles.
— Verificar posición, fijación, capacidad y el estado de los mástiles.
— Verificar el bloqueo de los vehículos, camiones, vagones, antes de introducirse en ellos.
— Dispositivo **obligatorio de "hombre muerto"** en carretillas eléctricas y térmicas. Dispositivo de **desconexión de socorro** en carretillas eléctricas.

4.11.7. Vuelco de la carretilla

— Circulando.
— En apilado y desapilado.
— Elegir una carretilla estable tanto lateral como longitudinal.
— Evitar cambios de dirección bruscos, virajes con poco radio, a velocidad exagerada o en la parte baja de un descenso rápido.
— Circular siempre **con las horquillas bajadas**.
— **No circular nunca** con la carga elevada.

— **No circular transversalmente** en una pendiente. Hacerlo, siempre, en línea recta.
— No elevar una carga que exceda de **la capacidad residual.** Respetar las indicaciones de la placa de carga.
— No coger nunca cargas **que reduzcan el factor de seguridad** o que superen la **capacidad residual calculada.**
— Descender siempre las cargas lentamente, nunca bruscamente.

4.11.8. Colisiones y choques

— Con estructuras fijas.
— Con otros vehículos.
— Con obstáculos en el suelo.
— Carretilla con máxima visibilidad.
— Conducir prudentemente.
— **Circular siempre en dirección contraria a la carga,** excepto en las carretillas frontales cuya carga nunca deberá reducir la visibilidad suficiente para la circulación segura. En el caso de que la carga reduzca sensiblemente la visibilidad, el operador deberá circular a velocidad menor que la de una persona a paso normal y un ayudante le precederá indicándole las incidencias de todo el recorrido.
— **Buena iluminación,** evitando deslumbramientos y contrastes exagerados.
— **Señalización de obstáculos** fijos.
— Circuitos de circulación **sin obstáculos** (vigas, canalizaciones, etc.).
— **Frenos** en buen estado.
— **Suelos limpios** no deslizantes.
— Circular con los brazos de **horquilla a 0,15 m** por encima del suelo.
— **Delimitación y señalización** de los circuitos en los vehículos normales de los dedicados a las carretillas.
— **Anchura suficiente** de circuitos, sobre todo en los de doble circulación.
— **Reducir el número de intersecciones,** prever paradas, sentidos únicos y buena señalización.
— **Limitación de velocidad.**
— Utilizar **avisadores acústicos** antes de un cruce y reducir velocidad en lugares peligrosos.
— Evitar adelantamientos innecesarios y **guardar las distancias.**
— No circular de noche sin **suficiente iluminación.**

4.11.9. Caída de una persona transportada

— **Prohibición absoluta** de transportar a otra persona, salvo si la máquina está especialmente adaptada (asiento) con las mismos sistemas de seguridad que el operador.
— **Prohibición absoluta** de transportar personas sobre las horquillas.

4.11.10. Contactos con órganos móviles de la carretilla

— **Protectores de órganos mecánicos** en movimiento (parrillas o pantallas transparentes).
— **Reparación e inspección** del motor con éste parado, siempre que sea posible.

4.11.11. Condiciones climáticas

— **Techo de protección** contra la lluvia o el sol que no impida la visibilidad.
— **Cabina cerrada,** rígida o flexible.
— **Climatización** por toma de aire caliente.
— Utilización de **cristales de seguridad.**
— **Ropa de trabajo,** guantes, botas aislantes.
— **Ropa de trabajo calefactada** eléctricamente.

4.11.12. Exposición a ruidos

— **Térmicas:** Silencioso de escape eficaz. Capó insonorizado.
— **Eléctricas:** Bomba hidráulica poco ruidosa.
— Eventual utilización de protectores individuales contra el ruido.

4.11.13. Vibraciones del vehículo

— **Superficies de circulación lisas.**
— Utilizar neumáticos.
— **Asiento diseñado ergonómicamente** regulable horizontal y verticalmente.
— Utilización de cinturón lumbo-abdominal.

4.11.14. Polución de la atmósfera

— **Aireación** en locales con carretillas térmicas.
— **Regulación** a menudo de la carburación o inyectores de los motores térmicos.
— **Utilización de motores de ignición transistorizada.**
— Utilización de **motores eléctricos** en locales mal ventilados.
— **Depuradores** de gases de escape.

4.11.15. Incendios y explosiones

— Extintor en carretillas que presenten riesgo de incendio.
— Verificar la **estanqueidad de los circuitos** y órganos por donde se transmita el carburante.
— Mantener los **circuitos y los silenciadores** en buen estado.
— **Carretillas antideflagrantes** en locales con riesgo de incendio y explosión.
— Llenar el depósito de carburante **al aire libre.**
— **Prohibir fumar.**

4.11.16. Naturaleza del producto transportado

— Pantallas anticalor, antirradiaciones, protección individual contra los productos tóxicos.

CAPÍTULO 5

PREVENCIÓN DE RIESGOS EN ZONAS CON PRECAUCIÓN ANTIDEFLAGRANTE

En casi todos los países resulta obligatorio emplear **equipos antideflagrantes** dentro de las **zonas de peligro.**

Las siguientes aclaraciones pretenden explicar los problemas que conlleva la **protección antideflagrante** y las posibles aplicaciones de las carretillas industriales antideflagrantes.

Las zonas de peligro son aquellas áreas donde pueden llegar a alcanzarse niveles peligrosos de gases, vapores, humos y polvos que una vez que entren en contacto con el aire formen unas mezclas explosivas. **Una mezcla se considera peligrosa** cuando, en caso de encenderse, es posible que se produzcan daños personales como consecuencia directa o indirecta de una explosión.

Un equipo antideflagrante debe, por lo tanto, ofrecer un diseño tal que siempre que se aplique de forma adecuada dentro de una zona de peligro:

- No se producirán temperaturas peligrosas, arcos o chispas deflagrantes.
- Será imposible que se produzca una explosión en caso de que se produjeran chispas deflagrantes, arcos o temperaturas peligrosas.
- Una explosión que se produjera dentro del equipo no se transmitiría a la zona de peligro.

La definición de estos términos es la misma o parecida en todo el mundo. Sin embargo, a nivel mundial aún **no existe total acuerdo** sobre la clase y el alcance de las medidas de protección necesarias.

5.1. CLASES DE TEMPERATURA

Los gases y los vapores explosivos se dividen en las siguientes clases de acuerdo con su temperatura de deflagración:

Clase de temperatura	Temperatura máxima permitida en la superficie del equipo*	Temperatura deflagración de las mezclas explosivas
	Valores en °C	**Valores en °C**
T1	450	más de 450
T2	300	300-450
T3	200	200-300
T4	135	135-200
T5	100	100-135
T6	85	85-100

*Recomendación importante: El cuadro de valores correspondiente a la temperatura máxima permitida en la superficie **se refiere únicamente a los equipos eléctricos.** Con respecto a los equipos no eléctricos (por ejemplo los motores diésel o los frenos), se permite normalmente **sólo el 80% de los valores** que figuran en dicho cuadro.

5.2. GRUPOS DE EXPLOSIONES

De acuerdo con su capacidad para transmitir llamas a través de espacios de separación bajo las condiciones especificadas, los gases y los **vapores explosivos** se dividen en los siguientes grupos de explosiones: **II A, II B y II C.**

Los gases incluidos en el grupo **II C** presentan la máxima capacidad de transmisión de llamas, los del grupo **II B** una capacidad ligeramente inferior y los del grupo **II A,** la más reducida.

5.2.1. Clasificación por zonas

Según la probabilidad de que se produzca un ambiente explosivo peligroso, se dividen las áreas de peligro en las siguientes zonas:

En el caso de **gases, vapores y humos explosivos:**

Zona 0

Corresponde a aquellas áreas donde existe constantemente o durante **prolongados períodos de tiempo un ambiente explosivo peligroso.**

Zona 1

Corresponde a aquellas áreas donde es **probable que se produzca en ocasiones un ambiente explosivo peligroso.**

Zona 2

Corresponde a aquellas áreas donde se prevé que un ambiente explosivo peligroso sólo se vaya a producir **en raras ocasiones y en el caso de que se produjera sólo sería para un corto período de tiempo.**

En el caso de polvos explosivos:

Zona 10

Corresponde a aquellas zonas donde existe un **ambiente explosivo peligroso durante largos períodos de tiempo o con bastante frecuencia.**

Zona 11

Corresponde a aquellas áreas donde se prevé la existencia durante cortos períodos de tiempo de un ambiente explosivo peligroso como consecuencia del levantamiento del polvo depositado.

COMENTARIO

Es posible que la clasificación y la designación de las zonas puedan presentar en algunos países ciertas variaciones de la forma arriba indicada, que corresponde a la República Federal de Alemania, ya que en **España no existe ningún tipo de legislación al respecto.**

APLICACIONES

Las carretillas industriales antideflagrantes se utilizan en los siguientes sectores industriales, empresas de servicios, campos y especialidades:

En las fábricas donde:

— Se producen, se comprimen, se licúan, se almacenan o se vacían a presión gases explosivos.

- Se **producen, se almacenan, se rebombean o se introducen en recipientes líquidos explosivos** o donde éstos se utilizan en operaciones de procesamiento, purificación y desengrase.
- Se producen y se utilizan **pinturas, barnices y detergentes para suelos y artículos de piel.**
- Se producen y se procesan productos de **caucho y plásticos.**
- Se produce polvo durante el **procesamiento, la trituración y el almacenaje de materias sólidas,** como por ejemplo la producción de **polvos explosivos, plásticos en polvo, colorantes en polvo, productos farmacéuticos, insecticidas** y también en las instalaciones de **polvos de carbón, las fabricas de briquetas, plantas químicas, fábricas de explosivos, aeropuertos, etc.**

La protección antideflagrante incorporada en las carretillas industriales afecta a todos los conjuntos de componentes, incluyendo los accesorios que puedan producir, de alguna forma u otra, chispas o explosiones, como consecuencia, por ejemplo, de las temperaturas excesivas.

5.2.2. Clasificación de las medidas de control de la seguridad y de reparación

Las medidas de control de la seguridad y de reparación están clasificadas en cuatro grupos diferentes:

- Prueba UVV según las normas sobre prevención de accidentes.
- Verificación de los equipos y las instalaciones eléctricos.
- Protección antideflagrante.
- Resistencia antideflagrante.

Aparte de las normas sobre la **prevención de accidentes UVV,** hay que cumplir todas las demás directrices de seguridad relacionadas con los equipos y/o las instalaciones eléctricos y también con las carretillas industriales con motor eléctrico. Sin embargo, también hay que respetar las normas correspondientes a los equipos no-eléctricos y/o los servicios y las instalaciones no-eléctricos y las carretillas industriales con motor diésel.

Prueba UVV

Las normas **VBG 12a, que abarcan la prevención de accidentes con las carretillas industriales,** explican:

— las medidas de seguridad,
— las normas de implementación y,
— la comprobación de las unidades y los equipos mecánicos tales como el chasis, el equipo de elevación, los frenos, etc.

Sin embargo, a la hora de efectuar pruebas en una carretilla elevadora, éstas deben ser realizadas por una **persona especializada como mínimo una vez al año.**

Los resultados de dichas pruebas deberán figurar en manual de pruebas.

5.2.3. La comprobación de los equipos e instalaciones eléctricas

La norma DIN **"VDE 0117 - carretillas industriales con motor eléctrico"** se refiere a los sistemas eléctricos de las carretillas industriales normales. Quedan excluidas las carretillas industriales que trabajan en:

— Áreas de peligro.
— Áreas con riesgo de explosiones.

En el caso de las carretillas industriales que están en servicio **en áreas de peligro o riesgo de explosiones,** se aplican también las normas referentes a la protección contra **explosiones y/o explosivos.**

Sin embargo, a la hora de efectuar pruebas en los equipos y los sistemas eléctricos, éstas deben ser realizadas por **una persona especializada** y, **como mínimo, una vez al año.**

5.2.4. Protección antideflagrante

Las **directrices sobre instalaciones eléctricas en áreas de peligro (ElexV)** corresponden, entre otras operaciones, a las de:

— montaje,
— reparación,
— modificación,
— mantenimiento, y
— comprobación de las instalaciones eléctricas dentro las áreas de peligro.

5.2.5. Reparación o modificación de las carretillas industriales antideflagrantes

5.2.5.1. Equipos de la Zona 1

La reparación de:

— equipos o,
— componentes de equipos

que resultan vitales para la protección antideflagrante precisa, en el caso, sobre todo, de la protección tipo **"envoltura ignífuga"** con sus características mecánicas específicas, la comprobación de los certificados de pruebas y los documentos de pruebas de fabricación e inspecciones de rutina.

Normalmente, el fabricante es el único que posee tanto los conocimientos necesarios como la responsabilidad de efectuar una prueba de inspección rutinaria. En el caso de una reparación efectuada por el usuario, la **decisión final corresponde a un especialista autorizado** (Elex V).

Sobre este particular, dicho especialista debe **basar su decisión no solamente en:**

— las normas VDE, las comunicaciones PTB, los informes orientativos de las asociaciones mercantiles, además de todas las demás directivas correspondientes,

sino, también, en:

— los datos contenidos en los certificados de pruebas, los documentos de fabricación e inspecciones rutinarias proporcionados por el fabricante.

Toda esta información le permite al especialista emitir una decisión acertada en cada caso individual con respecto, por ejemplo, a:

— La selección de materiales.
— Las dimensiones.
— La calidad de fabricación.
— Las pruebas para determinar la presión estática de envolturas dentro de una caja ignífuga.

Es obligatorio utilizar siempre piezas de recambios originales del fabricante.

Tan sólo el fabricante queda autorizado para **efectuar modificaciones** en los componentes y para probar los equipos modificados.

Queda excluida la realización de pruebas en equipos de las clases de protección tipo **"caja ignífuga"**.

Si estas modificaciones afectan la protección antideflagrante, en principio **sólo las autoridades competentes** pueden someter a pruebas estas modificaciones, como por ejemplo el Instituto Federal de Pruebas Físicas y Técnicas en Alemania.

5.2.5.2. Equipos de las Zonas 2 y 11

En el caso de los equipos eléctricos de las zonas 2 y 11, **no es necesario obtener el certificado de pruebas de un organismo de pruebas autorizado.** Sí que es preciso, sin embargo, cumplir las condiciones establecidas en el **VDE 0165/9.83.**

Las medidas de seguridad correspondientes a las **zonas 2 y 11,** como, por ejemplo, **"las cajas herméticas a los gases"** para equipos a utilizar en la **zona 2,** en el interior de las cuales pueden producirse en funcionamiento chispas y temperaturas excesivas resultan, en la práctica, casi desconocidas en la República Federal de Alemania y constituyen unas técnicas poco frecuentes. Hasta la fecha pocos usuarios poseen los conocimientos necesarios y por consiguiente **es aconsejable encargarle al fabricante la realización de cualquier tarea de reparación y modificación.**

1. Mantenimiento de carretillas industriales antideflagrantes

Los equipos antideflagrantes (en este caso las carretillas industriales) deben mantenerse siempre en un buen estado de funcionamiento y el cliente debe efectuar inspecciones continuas a través de:

- un electricista especializado o
- bajo el control de un electricista especializado.

Al surgir la necesidad de cualquier operación de mantenimiento o reparación, ésta debe efectuarse de forma inmediata.

Basándose en los reglamentos obligatorios u otros, es imposible obtener una definición (en forma de un período de tiempo) del término inspecciones "continuas". Por lo tanto, **se recomienda**

UN PERÍODO DE 4 SEMANAS

para los intervalos de mantenimiento de las carretillas industriales, en el caso de aplicaciones de un solo turno, unas condiciones de trabajo normales y el manejo correcto de los equipos.

En el caso de **aplicaciones pesadas,** puede resultar necesario efectuar trabajos de mantenimiento **cada semana o incluso diariamente.**

Es necesario someter los equipos y/o las instalaciones con frecuencia a unas inspecciones rigurosas de cada elemento. En el caso, por ejemplo, de las envolturas ignífugas, hay que inspeccionar los espacios de separación para:

- las dimensiones correctas (por ejemplo, en los rodamientos móviles, el paso del eje),
- la posible acumulación de óxido y suciedad en las superficies de los espacios de separación.

Si el usuario no dispone del personal especializado necesario, **debe encargar esta importante tarea a una empresa cualificada** (por ejemplo, el mismo fabricante) mediante un contrato que cubra las inspecciones periódicas necesarias. Las operaciones de mantenimiento que se llevan a cabo de forma esporádica no satisfacen los requisitos de vigilancia constante.

2. Inspección de carretillas industriales antideflagrantes

El usuario debe hacer las gestiones necesarias para que un **electricista cualificado** efectúe la inspección de los equipos antideflagrantes para asegurar que éstos se encuentren en buen estado de funcionamiento, de acuerdo con las normas técnicas. Hay que determinar los intervalos de inspección de forma que cualquier defecto que se produzca (y es de esperar que alguno ocurra) pueda ser descubierto a tiempo. Esta inspección debe efectuarse COMO MÍNIMO CADA TRES AÑOS.

Puede eliminarse siempre que un buen ingeniero responsable se encargue constantemente de su supervisión.

En el caso de las pruebas efectuadas para determinar la protección ofrecida por una **“envoltura ignífuga”,** hay que comprobar:

— Las dimensiones correctas de todos los espacios de separación.
— La posible acumulación de óxido y suciedad en las superficies de dichos espacios de separación.
— La posible acumulación de condensación dentro de las envolturas.
— La eficacia de los obturadores.

3. Como mínimo una vez cada tres años

Hay que prestar especial atención a los espacios de separación entre los elementos móviles.

¡¡¡UNA INSPECCIÓN VISUAL NO ES SUFICIENTE!!!

4. Para que esta inspección pueda efectuarse

Como mínimo una vez cada tres años:

— Hay que disponer de unos datos básicos obtenidos de los certificados de pruebas y los documentos sobre los procedimientos de fabricación y las inspecciones rutinarias. Se precisa, asimismo, **una cantidad importante de instrumentos de medición.** Además, es posible que sea necesario emplear unos servicios especiales para poder efectuar la prueba de resistencia de las envolturas dentro de un espacio resistente a la presión.

Como, en un principio, **sólo el fabricante:**

— conoce los reglamentos sobre las pruebas específicas a llevar a cabo en las carretillas industriales antideflagrantes,
— posee los documentos de pruebas,
— conoce las modificaciones introducidas para mejorar nivel de calidad y las características técnicas,
— tiene experiencia en base a la aplicación práctica de carretillas industriales del mismo tipo,

estas inspecciones periódicas deben ser efectuadas exclusivamente por el fabricante.

Es aconsejable conservar un manual de pruebas que les proporcionará el fabricante al entregar el equipo. Dicho documento asegura el cumplimiento de las fechas de prueba y, en caso necesario, se puede presentar el manual de pruebas ante la autoridad de supervisión como garantía de su realización. Además, por razones prácticas, las carretillas industriales deberían llevar una marca de pruebas que certifique la protección antideflagrante e indique la fecha de la siguiente inspección.

5. Protección antideflagrante

— Las "normas para la prevención de accidentes 46A explosivos y objetos con explosivos —directrices generales— (VBG 55A)" y también
— el "Reglamento n.º 10 carretillas en las fábricas de explosivos" de la Asociación Alemana de la Industria Química

especifican, entre otros conceptos, las tareas de:

— Reparación.
— Modificación.
— Mantenimiento.
— Verificación de las carretillas antideflagrantes.

6. La reparación de las carretillas industriales antideflagrantes

Es preciso someter los equipos y las instalaciones reparados a pruebas por parte de:

— **Un especialista,** para asegurar su buen estado de funcionamiento.

7. La modificaciión de las carretillas industriales antideflagrantes

Una vez efectuados trabajos de modificación de cierta envergadura, **es preciso someter las carretillas industriales antideflagrantes a nuevas pruebas** por parte de un organismo autorizado por la Asociación Alemana de la Industria Química antes de su nueva puesta en servicio. **No se pueden efectuar tareas de modificación sin contar con la autorización previa del fabricante.**

8. Mantenimiento de carretillas industriales antideflagrantes

Las carretillas industriales antideflagrantes deben someterse a tareas de mantenimiento **a intervalos periódicos de tiempo** a determinar por el cliente según las condiciones de trabajo y las instrucciones de funcionamiento proporcionadas por el fabricante.

9. Comprobación de carretillas industriales antideflagrantes

— **Como mínimo una vez al año,** el usuario debe hacer las gestiones pertinentes para que **una persona cualificada** efectúe las pruebas necesarias en las carretillas industriales antideflagrantes a fin de asegurar su buen estado de funcionamiento. Los resultados de dichas pruebas **deben figurar por escrito y conservarse,** como mínimo, hasta la fecha de la siguiente serie de pruebas.

10. Conclusión final

Para reducir a un mínimo la posibilidad de peligros, es imprescindible cumplir fielmente todas las normas de seguridad. Se le asigna al personal de mantenimiento y reparaciones una responsabilidad especial y, por lo tanto, **estas personas deben recibir una formación especializada, así como poseer experiencia y amplios conocimientos de las normas de seguridad pertinentes.**

Junto con los documentos de pruebas necesarios, estas condiciones previas sólo se cumplen, en términos generales, en las **compañías fabricantes** y, por consiguiente, **es aconsejable encargarles a éstas los trabajos de reparación, modificación, mantenimiento y verificación.**

11. Áreas de trabajo

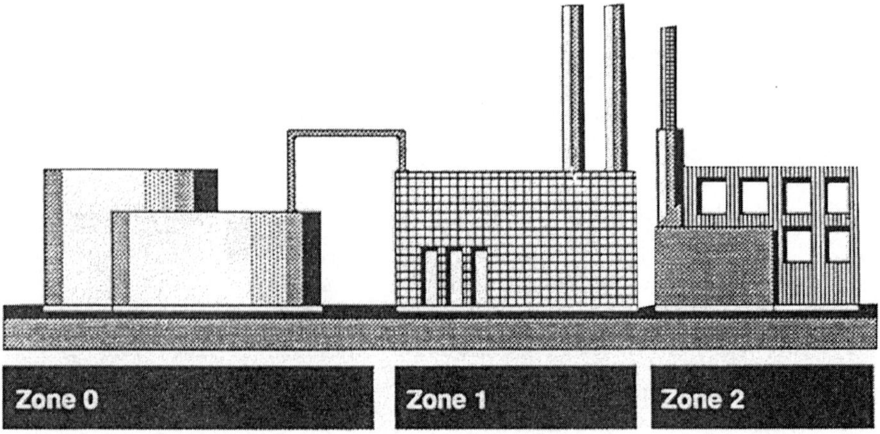

Depósitos, contenedores (prohibición absoluta a cualquier tipo de carretilla).

Cercanías de la Zona 0. Fábricas de pinturas, áreas de producción.

Cercanías de la Zona 1. Almacenes. Depósitos de materiales. Tiendas.

12. Diferencias estructurales entre carretillas normales y carretillas antideflagrantes

Diferencias en los componentes instalados

HORQUILLAS	Horquillas recubiertas de material antichispas; p. ej., latón u otra materia similar.
FRENOS	Frenos con encapsulamiento ignífugo, conducciones de líquido no metálicas.
TRANSMISIÓN	Preparación especial y sellado de superficies para prevenir chispas.
NEUMÁTICOS	Conductores de electricidad. Máx resist. 106 ohmios.
MOTOR DIÉSEL	Ignífugo. Sobredimensionado para evitar sobrecalentamientos.

MOTOR ELÉCTRICO	Encapsulado.
SISTEMA DE PARADA Y CONTROL	Control automático de explosión segura. Tubo de escape refrigerado por agua. Control de la presión de aceite de motor y de la temperatura del hidráulico.
CAJA DE ENGRANAJES	Ignífuga.
ARRANQUE	Sistema de arranque con protección antichispas.
ALTERNADOR	Ignífugo.
ALUMBRADO	Bombillas especiales antiexplosión.
INSTALACIÓN ELÉCTRICA	Cableado de diseño especial.
BATERÍA DE ARRANQUE	Contenedor ignífugo. Conectores ignífugos.
BATERÍA DE TRACCIÓN	Contenedor ignífugo. Conectores ignífugos. Conectores de vasos especiales.
SISTEMA DE ADMISIÓN	Equipado con “atrapallamas”.
SISTEMA DE ESCAPE	Equipado con “atrapachispas”.

13. Carteles de aviso

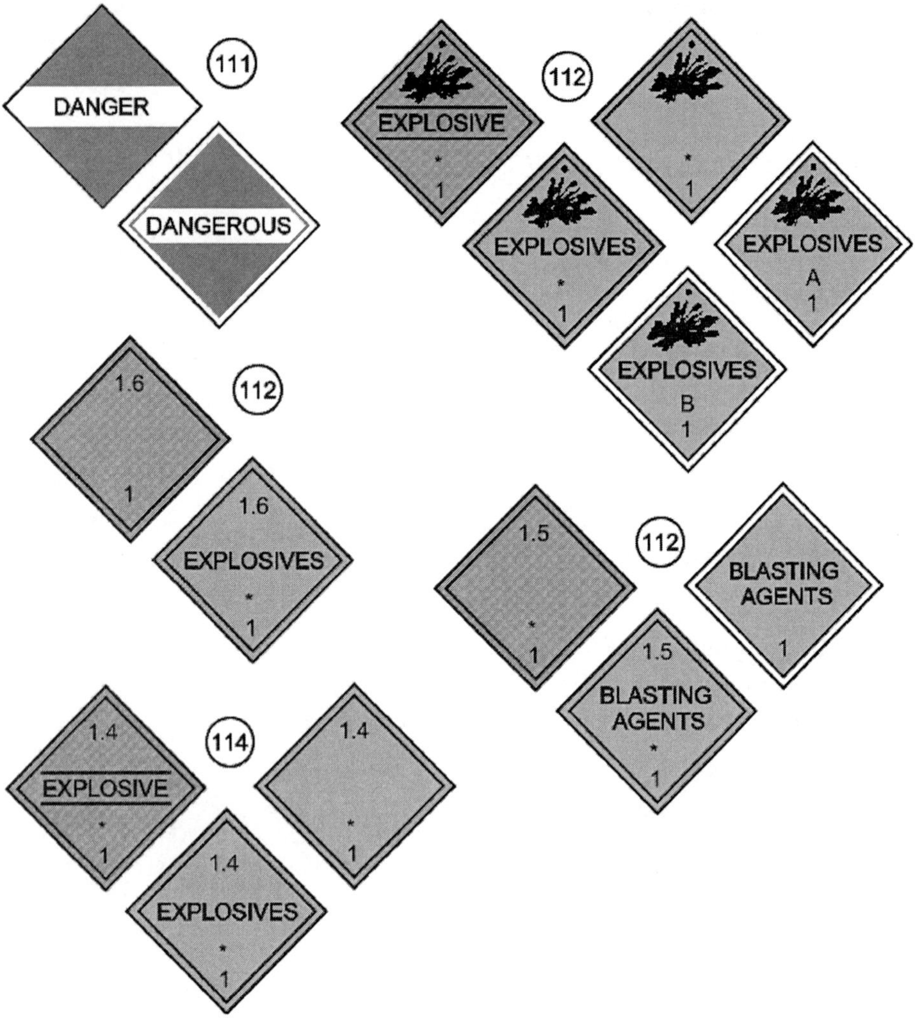

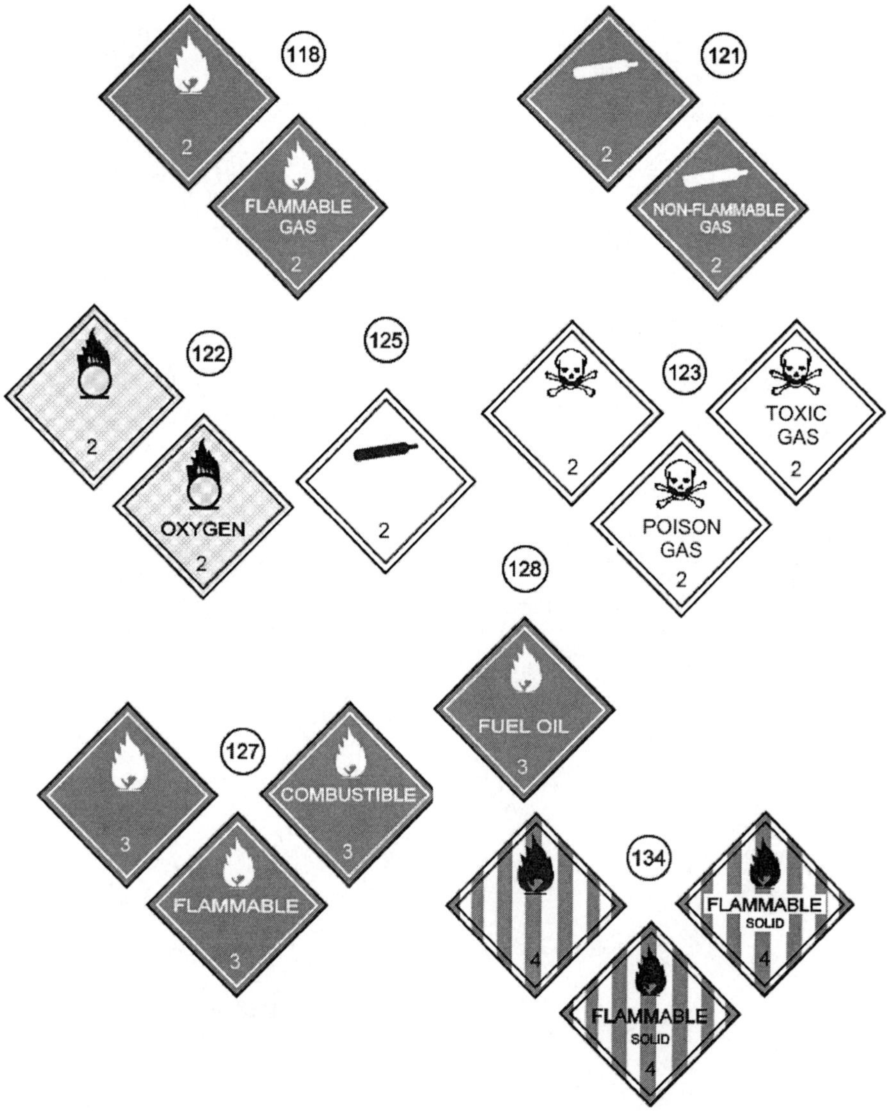
118
2
FLAMMABLE GAS
2
121
2
NON-FLAMMABLE GAS
2
122
2
OXYGEN
2
125
2
123
2
TOXIC GAS
2
POISON GAS
2
128
FUEL OIL
3
127
3
COMBUSTIBLE
3
FLAMMABLE
3
134
4
FLAMMABLE SOLID
4
FLAMMABLE SOLID
4

136

139

143

148

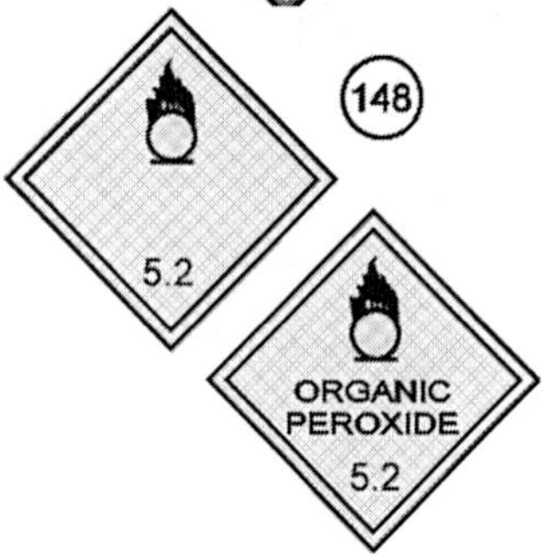

151

153

153

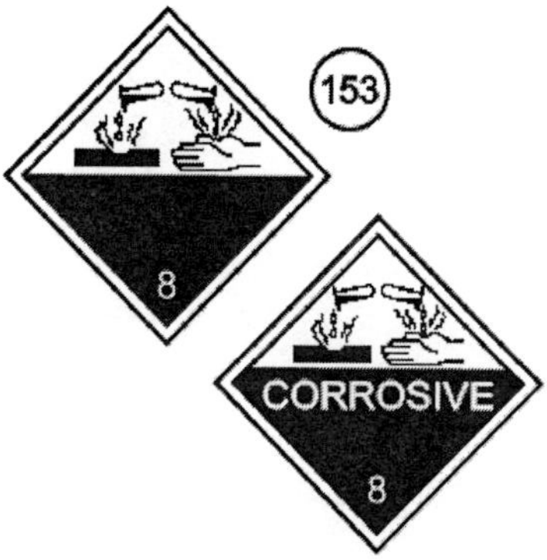

158

(Label Only)

163

171

APÉNDICES

APÉNDICE 1: ANEXOS DEL REAL DECRETO 485/1997, DE 14 DE ABRIL, SOBRE SEÑALIZACIÓN DE SEGURIDAD Y SALUD EN EL TRABAJO

ANEXO I

Disposiciones mínimas de carácter general relativas a la señalización de seguridad y salud en el lugar de trabajo

1. La elección del tipo de **señal y del número y emplazamiento de las señales** o dispositivos de señalización a utilizar en cada caso se realizará de forma que la misma resulte lo más eficaz posible, teniendo en cuenta:

   a) Las características de la señal.
   b) Los riesgos, elementos o circunstancias que hayan de señalizarse.
   c) La extensión de la zona a cubrir.
   d) El número de **trabajadores afectados.** En cualquier caso, la señalización de los riesgos, elementos o circunstancias indicadas en el anexo VII se realizará según lo dispuesto en dicho anexo.

2. **La eficacia de la señalización** no deberá resultar disminuida por la concurrencia de señales o por otras circunstancias que dificulten su percepción o comprensión.
   La señalización de seguridad y salud en el trabajo no deberá utilizarse para transmitir informaciones o mensajes distintos o adicionales a los que constituyen su objetivo propio. Cuando los trabajadores a los que se dirige la señalización tengan la capacidad o la facultad visual o auditiva limitadas, incluidos los casos en que ello sea debido al uso de equipos de protección individual, deberán tomarse las medidas suplementarias o de sustitución necesarias.
3. La señalización deberá permanecer en tanto **persista la situación** que la motiva.
4. Los medios y dispositivos de señalización deberán ser, según los casos, limpiados, mantenidos y **verificados regularmente,** y reparados o sustituidos cuando sea necesario, de forma que conserven en todo momento sus cualidades intrínsecas y de funcionamiento. Las señalizaciones que necesiten de una fuente de energía dispondrán de **alimentación de emergencia** que garantice su funcionamiento en caso de interrupción de aquélla, salvo que el riesgo desaparezca con el corte del suministro.

ANEXO II

Colores de seguridad

1. Los colores de seguridad podrán formar parte de una señalización de seguridad o constituirla por sí mismos. En el siguiente cuadro se muestran los **colores de seguridad,** su significado y otras indicaciones sobre su uso:

Rojo	Señal de prohibición.	Comportamientos peligrosos.
	Peligro-alarma.	Alto, parada, dispositivos de desconexión de emergencia. Evacuación.
	Material y equipos de lucha contra incendios.	Identificación y localización.
Amarillo o amarillo anaranjado	Señal de advertencia.	Atención, precaución. Verificación.
Azul	Señal de obligación.	Comportamiento o acción específica. Obligación de utilizar un equipo de protección individual.
Verde	Señal de salvamento o de auxilio.	Puertas, salidas, pasajes, material, puestos de salvamento de socorro, locales.
	Situación de seguridad.	Vuelta a la normalidad.

2. Cuando el color de fondo sobre el que tenga que aplicarse el color de seguridad pueda **dificultar la percepción** de este último, se utilizará un color de contraste que enmarque o se alterne con el de seguridad, de acuerdo con la siguiente tabla:

Rojo	Blanco
Amarillo o amarillo anaranjado	Negro
Azul	Blanco
Verde	Blanco

3. Cuando la señalización de un elemento se realice mediante un color de seguridad, las dimensiones de la superficie coloreada deberán guardar proporción con las del elemento y **permitir su fácil identificación.**

ANEXO III

Señales en forma de panel

1. **Características intrínsecas.**

— La forma y colores de estas señales se definen en el apartado 3 de este anexo, en función del tipo de señal de que se trate.
— Los pictogramas serán **lo más sencillos posible,** evitándose detalles inútiles para su comprensión. Podrán variar ligeramente o ser más detallados que los indicados en el apartado 3, **siempre que su significado sea equivalente** y no existan diferencias o adaptaciones que impidan percibir claramente su significado.
— Las **señales serán de un material** que resista lo mejor posible los golpes, las inclemencias del tiempo y las agresiones medioambientales.
— Las **dimensiones de las señales,** así como **sus características** colorimétricas y fotométricas, garantizarán su buena visibilidad y comprensión.

2. **Requisitos de utilización.**

— Las señales **se instalarán** preferentemente a una **altura y en una posición apropiadas** en relación al ángulo visual, teniendo en cuenta posibles obstáculos, en la proximidad inmediata del riesgo u objeto que deba señalizarse o, cuando se trate de un riesgo general, en el acceso a la zona de riesgo.
— El **lugar de emplazamiento** de la señal deberá estar bien iluminado, ser accesible y fácilmente visible. Si la iluminación general es insuficiente, se empleará una iluminación adicional o se utilizarán colores fosforescentes o materiales fluorescentes.
— A fin de evitar la disminución de la eficacia de la señalización **no se utilizarán demasiadas señales** próximas entre sí.
— Las señales deberán retirarse cuando **deje de existir la situación** que las justificaba.

3. Tipos de señales.

— **Señales de advertencia. Forma triangular.** Pictograma negro sobre fondo amarillo (el amarillo deberá cubrir como mínimo el 50 por 100 de la superficie de la señal), bordes negros.

Como excepción, el fondo de la señal sobre materias nocivas o irritantes será de **color naranja, en lugar de amarillo,** para evitar confusiones con otras señales similares utilizadas para la regulación del tráfico por carretera.

— **Señales de prohibición. Forma redonda.** Pictograma negro sobre fondo blanco, bordes y banda (transversal descendente de izquierda a derecha atravesando el pictograma a 45° respecto a la horizontal) rojos (el rojo deberá cubrir como mínimo el 35 por 100 de la superficie de la señal).

— **Señales de obligación. Forma redonda.**
Pictograma blanco sobre fondo azul (el azul deberá cubrir como mínimo el 50 por 100 de la superficie de la señal).

Protección obligatoria de la vista — Protección obligatoria de la cabeza — Protección obligatoria del oído — Protección obligatoria de las vías respiratorias — Protección obligatoria de los pies — Protección obligatoria de las manos

Protección obligatoria del cuerpo — Protección obligatoria de la cara — Protección individual obligatoria contra caídas — Vía obligatoria para peatones — Obligación general (acompañada, si procede de una señal adicional)

— **Señales relativas a los equipos de lucha contra incendios. Forma rectangular o cuadrada.** Pictograma blanco sobre fondo rojo (el rojo deberá cubrir como mínimo el 50 por 100 de la superficie de la señal).

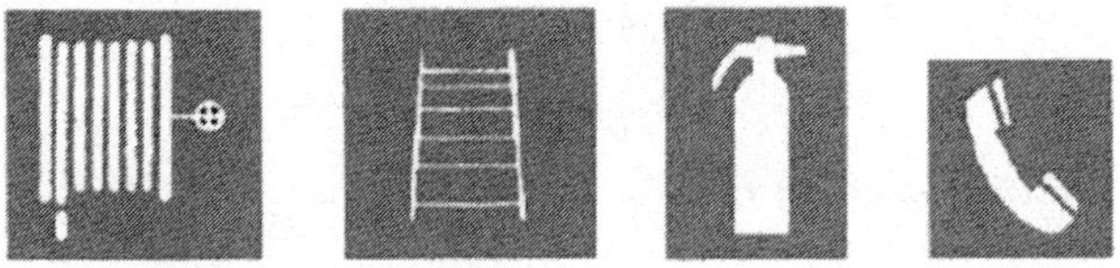

Manguera para incendios — Escalera de mano — Extintor — Teléfono para la lucha contra incendios

Dirección que debe seguirse (señal indicativa adicional a las anteriores)

— **Señales de salvamento o socorro. Forma rectangular o cuadrada.** Pictograma blanco sobre fondo verde (el verde deberá cubrir como mínimo el 50 por 100 de la superficie de la señal).

Teléfono de salvamento

Dirección que debe seguirse (señal indicativa adicional a las anteriores)

Primeros auxilios

Camilla

Ducha de seguridad

Lavabo de ojos

ANEXO IV

Señales luminosas y acústicas

1. Características y requisitos de las señales luminosas

— La **luz emitida por la señal** deberá provocar un contraste luminoso apropiado respecto a su entorno, en función de las condiciones de uso previstas. Su intensidad deberá asegurar su percepción, sin llegar a producir deslumbramientos.

— La **superficie luminosa** que emita una señal podrá ser de color uniforme, o llevar un pictograma sobre un fondo determinado. En el primer caso, el color deberá ajustarse a lo dispuesto en el apartado 1 del anexo II; en el segundo caso, el pictograma deberá respetar las reglas aplicables a las señales en forma de panel definidas en el anexo III.

— Si un dispositivo puede emitir **una señal tanto continua como intermitente,** la señal intermitente se utilizará para indicar, con respecto a la señal continua, un mayor grado de peligro o una mayor urgencia de la acción requerida.

— **No se utilizarán al mismo tiempo dos señales luminosas** que puedan dar lugar a confusión ni una señal luminosa cerca de otra emisión luminosa apenas diferente.
Cuando se utilice una **señal luminosa intermitente,** la duración y frecuencia de los destellos deberán permitir la correcta identificación del mensaje, evitando que pueda ser percibida como continua o confundida con otras señales luminosas.
— Los dispositivos de **emisión de señales luminosas** para uso en caso de peligro grave deberán ser objeto de revisiones especiales o ir provistos de una bombilla auxiliar.

2. Características y requisitos de uso de las señales acústicas.

— La señal acústica deberá tener **un nivel sonoro** superior al nivel de ruido ambiental, de forma que sea claramente audible, sin llegar a ser excesivamente molesto. No deberá utilizarse una señal acústica cuando el ruido ambiental sea demasiado intenso.
— El tono de la **señal acústica** o, cuando se trate de señales intermitentes, la **duración, intervalo y agrupación** de los impulsos, deberá permitir su correcta identificación y clara distinción frente a otras señales acústicas o ruidos ambientales. No deberán utilizarse dos señales acústicas simultáneamente.
— Si un dispositivo puede **emitir señales acústicas con un tono o intensidad variables o intermitentes,** o con un tono o intensidad continuos, se utilizarán las primeras para indicar, por contraste con las segundas, un mayor grado de peligro o una mayor urgencia de la acción requerida. El sonido de una señal de **evacuación deberá ser continuo.**

3. Disposiciones comunes.

— Una **señal luminosa o acústica** indicará, al ponerse en marcha, la necesidad de realizar una determinada acción, y se mantendrá mientras persista tal necesidad. Al finalizar la emisión de una señal luminosa o acústica se adoptarán de inmediato las medidas que permitan volver a utilizarlas en caso de necesidad.
— La **eficacia y buen funcionamiento** de las señales luminosas y acústicas se comprobará antes de su entrada en servicio, y posteriormente mediante las **pruebas periódicas necesarias.**
— Las señales **luminosas y acústicas** intermitentes previstas para su utilización alterna o complementaria deberán emplear idéntico código.

ANEXO V

Comunicaciones verbales

1. Características intrínsecas.

— La comunicación verbal se establece entre un **locutor o emisor y uno o varios oyentes,** en un lenguaje formado por textos cortos, frases, grupos de palabras o palabras aisladas, eventualmente codificados.

— Los mensajes verbales **serán tan cortos,** simples y claros como sea posible; la aptitud verbal del locutor y las facultades auditivas del o de los oyentes deberán bastar para garantizar una comunicación verbal segura.

— **La comunicación verbal será directa** (utilización de la voz humana) o indirecta (voz humana o sintética, difundida por un medio apropiado).

2. Reglas particulares de utilización.

— Las personas afectadas **deberán conocer bien el lenguaje utilizado,** a fin de poder pronunciar y comprender correctamente el mensaje verbal y adoptar, en función de éste, el comportamiento apropiado en el ámbito de la seguridad y la salud.

— Si la **comunicación verbal** se utiliza en lugar o como complemento de señales gestuales, habrá que utilizar palabras tales como, por ejemplo:

a) **Comienzo:** para indicar la toma de mando.
b) **Alto:** para interrumpir o finalizar un movimiento.
c) **Fin:** para finalizar las operaciones.
d) **Izar:** para izar una carga.
e) **Bajar:** para bajar una carga.
f) **Avanzar,** retroceder, a la derecha, a la izquierda: para indicar el sentido de un movimiento (el sentido de estos movimientos debe, en su caso, coordinarse con los correspondientes códigos gestuales).
g) **Peligro:** para efectuar una parada de emergencia.
h) **Rápido:** para acelerar un movimiento por razones de seguridad.

ANEXO VI

Señales gestuales

1. Características.

Una señal gestual deberá **ser precisa, simple, amplia,** fácil de realizar y comprender y claramente distinguible de cualquier otra señal gestual.
La utilización de los dos brazos al mismo tiempo se hará **de forma simétrica** y para una sola señal gestual.
Los **gestos utilizados,** por lo que respecta a las características indicadas anteriormente, podrán variar o ser más detallados que las representaciones recogidas en el apartado 3, a condición de que su significado y comprensión sean, por lo menos, equivalentes.

2. Reglas particulares de utilización.

— La persona que **emite las señales,** denominada encargado de las señales, dará las instrucciones de maniobra mediante señales gestuales al destinatario de las mismas, denominado operador.
— **El encargado de las señales** deberá poder seguir visualmente el desarrollo de las maniobras sin estar amenazado por ellas.
— El encargado de las señales deberá **dedicarse exclusivamente** a dirigir las maniobras y a la seguridad de los trabajadores situados en las proximidades.
— Si no se dan las condiciones previstas en el apartado 2.2° se recurrirá a uno o varios encargados de las señales suplementarias.
— El operador deberá suspender la maniobra que esté realizando para solicitar nuevas instrucciones cuando no pueda ejecutar las órdenes recibidas con las garantías de seguridad necesarias.
— ***Accesorios de señalización gestual.*** El encargado de las señales deberá ser **fácilmente reconocido por el operador.** El encargado de las señales llevará uno o varios elementos de identificación apropiados tales como chaqueta, manguitos, brazalete o casco y, cuando sea necesario, raquetas. Los elementos de identificación indicados serán de colores vivos, a ser posible iguales para todos los elementos, y serán utilizados exclusivamente por el encargado de las señales.

3. Gestos codificados.

Consideración previa. El conjunto de gestos codificados que se incluye no impide que puedan emplearse otros códigos, en particular en determinados sectores de actividad, aplicables a nivel comunitario e indicadores de idénticas maniobras.

A) Gestos generales		
Significado	Descripción	Ilustración
Comienzo: Atención. Toma de mando.	Los dos brazos extendidos de forma horizontal, las palmas de las manos hacia adelante.	
Alto: Interrupción. Fin del movimiento.	El brazo derecho extendido hacia arriba, la palma de la mano derecha hacia adelante.	
Fin de las operaciones.	Las dos manos juntas a la altura del pecho.	

B) Movimientos verticales		
Significado	Descripción	Ilustración
Izar.	Brazo derecho extendido hacia arriba. La palma de la mano derecha hacia adelante, describiendo lentamente un circulo.	
Bajar.	Brazo derecho extendido hacia abajo, palma de la mano derecha hacia el interior, describiendo lentamente un circulo.	
Distancia vertical.	Las manos indican la distancia.	

B) Movimientos horizontales		
Significado	Descripción	Ilustración
Avanzar.	Los dos brazos doblados, las palmas de las manos hacia el interior, los antebrazos se mueven lentamente hacia el cuerpo.	
Retroceder.	Los dos brazos doblados, las palmas de las manos hacia el exterior, los antebrazos se mueven lentamente, alejándose del cuerpo.	
Hacia la derecha: Con respecto al encargado de las señales.	El brazo derecho extendido más o menos en horizontal, la palma de la mano derecha hacia abajo, hace pequeños movimientos lentos indicando la dirección.	
Hacia la izquierda: Con respecto al encargado de las señales.	El brazo izquierdo extendido más o menos en horizontal. La palma de la mano derecha hacia abajo, hace pequeños movimientos lentos indicando la dirección.	
Distancia horizontal.	Las manos indican la distancia.	

D) Peligro		
Significado	Descripción	Ilustración
Peligro: Alto o parada de emergencia.	Los dos brazos extendidos hacia arriba, las palmas de las manos hacia adelante.	
Rápido:	Los gestos codificados referidos a los movimientos se hacen con rapidez.	
Lento:	Los gestos codificados referidos a los movimientos se hacen muy lentamente.	

ANEXO VII

Disposiciones mínimas relativas a diversas señalizaciones

1. **Riesgos, prohibiciones y obligaciones.**

   La señalización dirigida a **advertir a los trabajadores de la presencia de un riesgo,** o a recordarles la existencia de una prohibición u obligación, se realizará **mediante señales** en forma de panel que se ajusten a lo dispuesto, para cada caso, en el anexo III.

2. **Riesgo de caídas, choques y golpes.**

   — Para la señalización de **desniveles, obstáculos u otros elementos** que originen riesgos de caída de personas, choques o golpes podrá optarse, a igualdad de eficacia, por el panel que corresponda según lo dispuesto en el apartado anterior o por un color de seguridad, o bien podrán utilizarse ambos complementariamente.

   — La delimitación de aquellas zonas de los locales de trabajo a las que el trabajador tenga acceso con ocasión de éste, en las que se presenten **riesgos de caída de personas, caída de objetos, choques o golpes,** se realizará mediante un color de seguridad.

— La señalización por color referida en los dos apartados anteriores se efectuará mediante **franjas alternas amarillas y negras.** Las franjas deberán tener una inclinación aproximada de 45' y ser de dimensiones similares de acuerdo con el siguiente modelo:
Franjas alternas **amarillas y negras.** Las franjas deberán tener **una inclinación aproximada de 45°** y ser de dimensiones similares de acuerdo con el siguiente modelo:

3. Vías de circulación.

— Cuando sea necesario para la protección de los trabajadores, las **vías de circulación de vehículos** deberán estar delimitadas con claridad mediante franjas continuas de un color bien visible, **preferentemente blanco o amarillo,** teniendo en cuenta el color del suelo. La delimitación deberá respetar las necesarias distancias de seguridad entre vehículos y objetos próximos, y entre peatones y vehículos.
— Las vías exteriores permanentes que se encuentren en los alrededores inmediatos de zonas edificadas deberán estar delimitadas cuando resulte necesario, salvo que dispongan de barreras o que el propio tipo de pavimento sirva como delimitación.

4. Tuberías, recipientes y áreas de almacenamiento de sustancias y preparados peligrosos.

— Los **recipientes y tuberías visibles** que contengan o puedan contener productos a los que sea de aplicación la normativa sobre comercialización de sustancias o preparados peligrosos deberán ser etiquetados según lo dispuesto en la misma. Se podrán exceptuar los recipientes utilizados durante corto tiempo y aquellos cuyo contenido cambie a menudo, siempre que se tomen medidas alternativas adecuadas, fundamentalmente de formación e información, que garanticen un nivel de protección equivalente.
— Las **etiquetas se pegarán, fijarán o pintarán** en sitios visibles de los recipientes o tuberías. En el caso de éstas, las etiquetas se colocarán a lo largo de la tubería en número suficiente, y siempre que existan puntos de especial riesgo, como válvulas o conexiones, en su proximidad. Las características intrínsecas y condiciones de utilización de las etiquetas

deberán ajustarse, cuando proceda, a lo dispuesto para los paneles en los apartados 1.3.º y 2 del anexo III.

La **información de la etiqueta** podrá complementarse con otros datos, tales como el nombre o fórmula de la sustancia o preparado peligroso o detalles adicionales sobre el riesgo.

— El **etiquetado** podrá ser sustituido por las **señales de advertencia** contempladas en el anexo III, con el mismo pictograma o símbolo; en el caso del transporte de recipientes dentro del lugar de trabajo, podrá **sustituirse o complementarse** por señales en forma de panel de uso reconocido, en el ámbito comunitario, para el transporte de sustancias o preparados peligrosos.

— Las zonas, locales o recintos utilizados para **almacenar cantidades importantes de sustancias o preparados peligrosos** deberán identificarse mediante la señal de advertencia apropiada, de entre las indicadas en el anexo III, o mediante la etiqueta que corresponda, de acuerdo con la normativa mencionada en el apartado 4. 1.º, colocadas, según el caso, cerca del lugar de almacenamiento o en la puerta de acceso al mismo. Ello no será necesario cuando las etiquetas de los distintos embalajes y recipientes, habida cuenta de su tamaño, hagan posible por sí mismas dicha identificación.

El almacenamiento de diversas **sustancias o preparados peligrosos** puede indicarse mediante la señal de advertencia de peligro en general.

5. Equipos de protección contra incendio.

— Los equipos de protección **contra incendios** deberán ser de **color rojo o predominantemente rojo,** de forma que se puedan identificar fácilmente por su color propio.

— El emplazamiento de los equipos de **protección contra incendios** se señalizará mediante el **color rojo** o por una señal en forma de panel de las indicadas en el apartado 3.4.º del anexo III. Cuando sea necesario, las vías de acceso a los equipos se mostrarán mediante las señales indicativas adicionales especificadas en dicho anexo.

6. Medios y equipos de salvamento y socorro.

La señalización para la localización e identificación de **las vías de evacuación** y de los equipos de salvamento o socorro se realizará mediante **señales en forma de panel** de las indicadas en el apartado 3.5.º del anexo III.

7. **Situaciones de emergencia.**

La señalización dirigida a alertar a los trabajadores o a terceros de la **aparición de una situación de peligro** y de la consiguiente y urgente necesidad de actuar de una forma determinada o de evacuar la zona de peligro, se realizará mediante **una señal luminosa, una señal acústica o una comunicación verbal.** A igualdad de eficacia podrá optarse por una cualquiera de las tres; también podrá emplearse una combinación de una señal luminosa con una señal acústica o con una comunicación verbal.

8. **Maniobras peligrosas.**

La señalización que tenga por objeto **orientar o guiar a los trabajadores** durante la realización de maniobras peligrosas que supongan un riesgo para ellos mismos o para terceros se realizará **mediante señales gestuales o comunicaciones verbales.** A igualdad de eficacia podrá optarse por cualquiera de ellas, o podrán emplearse de forma combinada.

APÉNDICE 2
INSTRUCCIÓN TÉCNICA COMPLEMENTARIA MIE-APQ-5 «ALMACENAMIENTO Y UTILIZACIÓN DE BOTELLAS Y BOTELLONES DE GASES COMPRIMIDOS, LICUADOS Y DISUELTOS A PRESIÓN»[1]

Artículo 1. *Campo de aplicación.*

Esta ITC se aplicará al almacenamiento y utilización de gases comprimidos, licuados y disueltos a presión, así como sus mezclas, destinados a su venta, distribución o posterior utilización, ya sea en botellas y/o botellones sueltos, en bloques o en baterías, con excepción de los que posean normativa específica.

La presente norma no será de aplicación a los almacenes ubicados en las áreas de fabricación, preparación, gasificación y/o envasado, ni a los almacenes de gases que posean normativa de seguridad industrial específica.

Asimismo no será de aplicación a los recipientes en uso. A los recipientes en reserva imprescindible para la continuidad ininterrumpida del servicio les será de aplicación, únicamente, el artículo 7 «Utilización».

Artículo 2. *Definiciones.*

1. Botellas y botellones: se entienden como tales los definidos en la ITC MIE-AP-7 del Reglamento de Aparatos a Presión. En este documento se hará referencia a los mismos bajo el término genérico de botellas.
2. Bloques y baterías: se entienden como tales los definidos en el Acuerdo europeo sobre el transporte internacional de mercancías peligrosas por carretera (ADR).
3. Área de almacenamiento: la superficie reservada a ser utilizada por las botellas.
4. Distancias de seguridad:

   a) En área cerrada: se entiende como tal la distancia mínima existente entre el exterior del muro y el límite de vía pública, el límite de la propiedad en caso de edificios habitados u ocupados por terceros o a toda actividad clasificada de riesgo de incendio y explosión.

---

[1] Según el Real Decreto 379/2001, de 6 de abril, por el que se aprueba el Reglamento de almacenamiento de productos químicos y sus instrucciones técnicas complementarias MIE APQ-1, MIE APQ-2, MIE APQ-3, MIE APQ-4, MIE APQ-5, MIE APQ-6 y MIE APQ-7.

b) En área abierta: se entiende como tal la distancia mínima existente entre las botellas llenas y el límite de vía pública, el límite de la propiedad en caso de edificios habitados u ocupados por terceros o a toda actividad clasificada de riesgo de incendio y explosión.
c) En área semiabierta: las zonas de la misma limitadas por muros cumplirán con las distancias prescritas para áreas cerradas, y las zonas abiertas cumplirán con las distancias indicadas para áreas abiertas.

5. Recipiente en reserva: aquel que se encuentra en el lugar de utilización y puede pasar al uso automática o manualmente.
6. Recipiente en uso: aquel que está conectado al equipo, en disposición de utilización.
7. Resistencia al fuego de elementos constructivos: Se atendrá a lo que prescriba la vigente normativa de edificación.
8. Zona de protección: es el espacio mínimo libre de cualquier elemento, excepto aire, que envuelve a las botellas almacenadas, protegiendo en caso de fuga la posible formación de una atmósfera peligrosa fuera de los límites de dicho espacio.

Artículo 3. *Categorías de los almacenes.*

Los almacenes se clasificarán, de acuerdo con las cantidades de productos de cada clase, en las categorías incluidas en la siguiente tabla:

Categoría del almacén	Gases	Kg	Nm^3
1	Inflamables	—	hasta 50
	Oxidantes	—	hasta 200
	Inertes	—	hasta 200
	Amoniaco	hasta 150	—
2	Inflamables	—	más de 50 hasta 175
	Oxidantes	—	más de 200 hasta 700
	Inertes	—	más de 200 hasta 1.000
	Amoniaco	más de 150 hasta 400	—
	Otros tóxicos	hasta 65	—
	corrosivos	hasta 65	—
3	Inflamables	—	más d e175 hasta 600
	Oxidantes	—	más de 700 hasta 2.400
	Inertes	—	más de 1.000 hasta 2.400
	Amoniaco	más de 400 hasta 1.000	—
	Otros tóxicos	más de 65 hasta 130	—
	Corrosivos	más de 65 hasta 130	—
4	Inflamables	—	más de 600 hasta 2.000
	Oxidantes	—	más de 2.400 hasta 8.000
	Inertes	—	más de 2.400 hasta 8.000
	Amoniaco	más de 1.000 hasta 2.500	—
	Otros tóxicos	más de 130 hasta 650	—
	Corrosivos	más de 130 hasta 650	—
5	Inflamables	—	mayor de 2.000
	Oxidantes	—	mayor de 8.000
	Inertes	—	mayor de 8.000
	Amoniaco	mayor de 2.500	—
	Otros tóxicos	mayor de 650	—
	Corrosivos	mayor de 650	—

En caso de que un gas pudiera clasificarse bajo varios riesgos (tóxico, corrosivo, inflamable, etc.) en base a la ITC MIE-AP-7 del Reglamento de Aparatos a Presión, se aplicará el criterio más restrictivo.

Los gases tóxicos o corrosivos que sean inflamables se considerarán como tóxicos y corrosivos a efectos de clasificación del almacén, pero se almacenarán junto con los inflamables en lotes debidamente identificados y separados.

Dos zonas de un mismo local se considerarán almacenes independientes si guardan entre sí las distancias de seguridad correspondientes a cada una de ellas.

A efectos de clasificación (tóxico, corrosivo, inflamable, etc.) de las mezclas de gases, se tendrá en cuenta lo indicado en el ADR.

Artículo 4. *Inscripción.*

El proyecto de la instalación de almacenamiento de botellas y botellones de gases comprimidos en edificios o establecimientos no industriales se desarrollará, bien como parte del proyecto general del edificio o establecimiento, o bien en un proyecto específico. En este último caso será redactado y firmado por técnico titulado competente que, cuando fuera distinto del autor del proyecto general, deberá actuar coordinadamente con éste y ateniéndose a los aspectos básicos de la instalación reflejados en el proyecto general del edificio o establecimiento.

1. El proyecto a que hace referencia el Reglamento sobre almacenamiento de productos químicos comprenderá como mínimo los siguientes documentos:

   a) Memoria Técnica en la que conste:

      — Características del almacén y de las botellas, describiendo sus capacidades, dimensiones y productos almacenados con sus fichas de datos de seguridad, establecidas en el Reglamento sobre notificación de sustancias nuevas y clasificación, envasado y etiquetado de sustancias peligrosas.
      — Sistemas, equipos y medios de protección contra incendios, definiendo las normas de dimensionado que sean de aplicación en cada caso y efectuando los cálculos o determinaciones en ellas exigidas.
      — Medios para el transporte y manipulación de las botellas en el recinto del almacenamiento.
      — Justificación del cumplimiento de esta Instrucción Técnica Complementaria y/o de las medidas sustitutorias previstas.

   b) Planos que incluirán, al menos, los siguientes:

      — Plano de situación, preferentemente escala 1: 25.000, en el que se localizarán el almacenamiento, las vías de comunicación y los núcleos urbanos más próximos.

— Plano general del conjunto, en el que se indicarán las distancias reglamentarias de seguridad.
— Plano del almacenamiento en el que se señalará la situación de las instalaciones de seguridad.

c) Presupuesto.
d) Instrucciones para servicio, mantenimiento y seguridad del almacenamiento.

En los casos de ampliación, modificación o traslado, el proyecto se referirá a lo ampliado, modificado o trasladado y a lo que, como consecuencia, resulte afectado. Los documentos mínimos del proyecto enunciados en el punto anterior podrán disminuirse y simplificarse proporcionalmente al objeto del proyecto sin detrimento de la seguridad.

2. Categorías 1 y 2: para los almacenamientos de las categorías 1 y 2 el proyecto, que se cita en el punto anterior, podrá sustituirse por un escrito firmado por el titular del almacenamiento o su representante legal, en el que se haga constar los productos que se van a almacenar, las características de los mismos y la descripción del almacén, así como los medios de protección de que se va a disponer, debiendo, en todo caso, cumplirse lo establecido en la presente ITC.

Artículo 5. *Características de los almacenes.*

1. Generales:

a) Emplazamiento y construcción: estará prohibida su ubicación en locales subterráneos o en lugares con comunicación directa con sótanos, excepto cuando se trate únicamente de botellas de aire, así como en huecos de escaleras y de ascensores, pasillos, túneles, bajo escaleras exteriores, en vías de escape especialmente señalizadas y en aparcamientos.
Los semisótanos deberán cumplir los requisitos en cuanto a ventilación, estipulados en el apartado 1.b) de este artículo.
No está permitido el emplazamiento de almacenes de las categorías 3, 4 y 5 en edificios de viviendas o de uso por terceros.
Los suelos serán planos, de material difícilmente combustible y deben tener unas características que permitan la perfecta estabilidad de los recipientes de gas a presión.
b) Ventilación: para las áreas de almacenamiento cerradas la ventilación será suficiente y permanente, para lo cual se deberá disponer de

aberturas o huecos con comunicación directa al exterior, distribuidos convenientemente en zonas altas y bajas. La superficie total de éstos no deberá ser inferior a 1/18 de la superficie total del suelo del área de almacenamiento.

En casos debidamente justificados la ventilación podrá tomarse de la nave en la que esté ubicado el almacén siempre que no se pueda ocasionar ningún peligro ni en la nave ni en el local de almacenamiento.

Esta condición no será necesaria cuando se trate únicamente de almacenamiento de botellas de aire.

Cuando se almacenen gases tóxicos o corrosivos la ventilación se diseñará de modo que no se produzcan riesgos o incomodidades a terceros.

c) Instalación eléctrica: se atendrá a lo previsto en los vigentes Reglamentos eléctricos de alta y de baja tensión que les afecten.

d) Protección contra incendios: los almacenamientos estarán provistos como mínimo de los equipos de lucha contra incendios que se indican para cada categoría.

   Cuando los almacenamientos se dediquen exclusivamente a contener gases inertes, sólo serán exigibles los extintores portátiles especificados en la categoría 1.

e) Protección personal: se recomienda para la manipulación de botellas el uso de calzado de seguridad y guantes adecuados.

   Cuando se almacenen gases tóxicos o corrosivos el personal de servicio dispondrá además de material de protección respiratoria, guantes y vestimenta, si procede, apropiados al caso y su situación estará debidamente señalizada.

   Cuando se almacenen gases corrosivos existirá al menos una ducha de emergencia, provista de lavaojos, y debidamente señalizada.

   Todo el personal de servicio debe ser entrenado para la manipulación específica de los gases almacenados y de los equipos de protección.

f) Medidas complementarias: para su debido almacenamiento, se identificará el contenido de las botellas.

   Las botellas se protegerán contra cualquier tipo de proyecciones incandescentes.

   Se evitará todo tipo de agresión mecánica que pueda dañar a las botellas y no se permitirá que choquen entre sí ni contra superficies duras.

   Las botellas con caperuza no fija no se asirán por ésta. Durante todo desplazamiento, las botellas, incluso si están vacías, deben tener la válvula cerrada y la caperuza debidamente fijada.

   Se evitará el arrastre, deslizamiento o rodadura de las botellas en posición horizontal. Es más seguro moverlas, incluso para cortas distancias, empleando carretillas adecuadas. Si no se dispone de dichas carretillas, el traslado debe efectuarse rodando las botellas, en posición vertical sobre su base o peana.

Las botellas no se manejarán con manos o guantes grasientos.

Las botellas se almacenarán siempre en posición vertical, y debidamente protegidas para evitar su caída, excepto cuando estén contenidas en algún tipo de bloques, contenedores, baterías o estructuras adecuadas.

Las botellas almacenadas, incluso las vacías, se mantendrán siempre con las válvulas cerradas y provistas de su caperuza o protector, caso de ser preceptivo su uso. En los restantes casos las válvulas deberán quedar al abrigo de posibles golpes o impactos.

Las botellas y sus caperuzas o protectores sólo se utilizarán para los fines a que han sido diseñados.

No se almacenarán botellas que presenten cualquier tipo de fuga. En este caso se seguirán las instrucciones de seguridad y se avisará inmediatamente al suministrador.

Para la carga/descarga de botellas está prohibido emplear cualquier elemento de elevación de tipo magnético o el uso de cuerdas, cadenas o eslingas si no están equipadas de elementos para permitir su izado con tales medios. Puede usarse cualquier sistema de manipulación o transporte (carretillas elevadoras, etc.), si se utiliza una cesta, plataforma o cualquier otro sistema que sujete debidamente las botellas.

Las botellas llenas y vacías se almacenarán en grupos separados.

Las zonas de almacenamiento de botellas deben tener indicados los tipos de gases almacenados, de acuerdo con la clasificación que establece la ITC MIE-AP-7 del Reglamento de Aparatos a Presión, así como la prohibición de fumar o encender fuegos.

Los almacenes dispondrán de un suministro permanente de agua y en cantidad suficiente para poder enfriar las botellas y recipientes en caso de verse sometidas al calor de un incendio, de tal manera que todos los recipientes del almacén alcancen a ser enfriados por el agua.

Está prohibido fumar o usar llamas abiertas en las áreas de almacenamiento. La temperatura de las áreas de almacenamiento no excederá de 50 °C.

En el almacén existirán las instrucciones de seguridad de cada gas depositado.

2. Específicas por categoría:

a) Categoría 1:

— Utilización: el área de almacenamiento podrá albergar en su interior otras actividades, siempre que no afecten a la seguridad de las botellas.
— Emplazamiento y construcción: en almacenes en área abierta o cerrada se podrán almacenar botellas llenas de gases inflamables y otros gases (inertes, oxidantes, tóxicos y corrosivos) siempre que entre las botellas de los inflamables y las del resto de los gases exista una distancia de 6 m, como mínimo, o bien estén separadas por un muro de RF-30 de 2 m de altura mínima que sobrepase en proyección horizontal y vertical 0,5 m a las botellas almacenadas (fig. 1).

Este mismo criterio se aplicará para cualquier foco de ignición o fuego abierto.

- Almacenes en área cerrada: estarán dotados de muros de RF-180, como mínimo.
- Almacenes en área abierta: dispondrán de una zona de protección de 1 m en proyección horizontal a partir del pie de los recipientes y 2 m en proyección vertical para gases más ligeros que el aire y de 1 m para gases más densos que el aire medidos desde el punto más alto donde sea previsible una posible fuga (fig. 2).

Esta zona de protección no será exigible si el almacén está separado de la vía pública, del límite de la propiedad en caso de edificios habitados u ocupados por terceros o de toda actividad clasificada de riesgo de incendio y explosión, por un muro sin huecos de RF-180, como mínimo, y 2 m de altura mínima y 0,5 m por encima de las botellas.

— Equipo de lucha contra incendios: en el área de almacenamiento se dispondrá de agente extintor compatible con los gases almacenados con un mínimo de 2 extintores, cada uno con una eficacia mínima de 89B (según UNE 23110). Se situarán en lugares fácilmente accesibles desde el área de almacenamiento.

b) Categoría 2:

— Utilización: el área de almacenamiento podrá albergar en su interior otras actividades, siempre que no afecten a la seguridad de las botellas.
— Emplazamiento y construcción: en almacenes en área abierta o cerrada se podrán almacenar botellas llenas de gases inflamables y otros gases (inertes, oxidantes, tóxicos y corrosivos) siempre que entre las botellas de los inflamables y las del resto de los gases exista una distancia de 6 m como mínimo o bien estén separadas por un muro de RF-30 de 2 m de altura mínima que sobrepase en proyección horizontal y vertical 0,5 m a las botellas almacenadas (fig. 1).

Este mismo criterio se aplicará para cualquier foco de ignición o fuego abierto.

- Almacenes en área cerrada: si en el almacén existen botellas de gases inflamables, oxidantes o inertes, se observarán en proyección horizontal las distancias siguientes:
  2 m a vía pública.
  3 m a edificios habitados o a terceros.
  3 m a actividades clasificadas de riesgo de incendio y explosión.
  Si en el almacén existen botellas de amoniaco, otros tóxicos o corrosivos, en las cantidades fijadas para esta categoría:
  5 m a vía pública, a edificios habitados u ocupados por terceros o a toda actividad clasificada de riesgo de incendio y explosión.
  Para gases inflamables, oxidantes e inertes, la distancia a vía pública, edificios habitados u ocupados por terceros o a toda actividad clasificada de riesgo de incendio y explosión, no será exigible si los muros son continuos sin huecos.
  Para las botellas de amoniaco, otros tóxicos o corrosivos no serán asimismo exigibles dichas distancias si, además de la condición indicada en el párrafo anterior, el almacén dispone de detección selectiva y alarma conectada a central de alarmas.
- Almacenes en área abierta: si en el almacén existen botellas de gases inflamables, oxidantes e inertes, se observarán en proyección horizontal las distancias siguientes:
  4 m a vía pública.
  6 m a edificios habitados o a terceros.
  6 m a actividades clasificadas de riesgo de incendio y explosión.

Si en el almacén existen botellas de amoniaco, otros tóxicos o corrosivos en las cantidades fijadas para esta categoría:
5 m a vía pública.
6 m a edificios habitados o a terceros.
6 m a actividades clasificadas de riesgo de incendio y explosión.
Para gases inflamables, oxidantes e inertes, la distancia a vía pública, edificios habitados o a terceros y a actividades clasificadas de riesgo de incendio y explosión no será exigible, si están separados por muros continuos sin huecos de RF-180, altura mínima 2 m y 0,5 m por encima de las botellas y prolongados 2 m en proyección horizontal por sus dos extremos (fig. 3).

— Equipo de lucha contra incendios: en el área de almacenamiento se dispondrá de agente extintor compatible con los gases almacenados, con un mínimo de 3 extintores, cada uno con una eficacia mínima de 89B (según UNE 23110). Se situarán en lugares fácilmente accesibles desde el área de almacenamiento.

c) Categoría 3:

— Utilización: el área de almacenamiento no podrá albergar en su interior otra actividad distinta de la de almacenamiento de botellas.
— Emplazamiento y construcción: en almacenes en áreas abiertas o cerradas se podrán almacenar botellas llenas de gases inflamables y otros gases (inertes, oxidantes, tóxicos y corrosivos), siempre que entre las botellas de los inflamables y las del resto de los gases exista una distancia de 6 m como mínimo o bien estén separadas por un muro de RF-60 de 2 m de altura mínima y 0,5 m por encima de las botellas que sobrepase en proyección horizontal 1 m a las botellas almacenadas (fig. 1).
Este muro para almacenes en área cerrada debe estar adosado por un extremo a una pared del local y por el otro sobrepasar 1 m la zona de las botellas. Para almacenes en área abierta, dicho muro sobrepasará, por ambos lados, 1 m la zona de ubicación de las botellas (fig. 1).

Este mismo criterio se aplicará para cualquier foco de ignición o fuego abierto.

- Almacenes en área cerrada: si en el almacén existen botellas de gases inflamables, oxidantes e inertes, se observarán en proyección horizontal las distancias siguientes:
  3 m a vía pública.
  6 m a edificios habitados o a terceros.
  6 m a actividades clasificadas con riesgo de incendio y explosión.
  Si en el almacén existen botellas de amoniaco, otros tóxicos o corrosivos en las cantidades fijadas en esta categoría:
  5 m a vía pública.
  6 m a edificios habitados o a terceros.
  6 m a actividades clasificadas con riesgo de incendio y explosión.
  Para gases inflamables, oxidantes e inertes las distancias a actividades clasificadas de riesgo de incendio y explosión no serán exigibles, si los muros son continuos sin huecos.
  Para las botellas de amoniaco, otros tóxicos o corrosivos no serán asimismo exigibles dichas distancias si, además de la condición indicada en el párrafo anterior, el almacén dispone de detección selectiva y alarma conectada a central de alarmas.
  Este tipo de almacenamiento tendrá una altura mínima de 3 m y estará dotado de al menos una puerta con dispositivo antipánico y RF-30.
- Almacenes en área abierta: si en el almacén existen botellas de gases inflamables, oxidantes e inertes, se observarán en proyección horizontal las distancias siguientes:
  6 m a vía pública.
  8 m a edificios habitados o a terceros.
  8 m a actividades clasificadas de riesgo de incendio y explosión.
  Si en el almacén existen botellas de amoniaco, otros tóxicos o corrosivos en las cantidades fijadas en esta categoría:
  6 m a vía pública.
  10 m a edificios habitados o a terceros.
  8 m a actividades clasificadas de riesgo de incendio y explosión.
  Para gases inflamables, oxidantes e inertes la distancia a instalaciones clasificadas de riesgo de incendio y explosión, no será exigible, si los muros son continuos sin huecos de RF-180, altura mínima 2 m y 0,5 m por encima de las botellas y prolongados 2 m en proyección horizontal por sus dos extremos (fig. 3).
  Los almacenes de gases se protegerán con una cerca de altura mínima 2 m que circunde todo el perímetro, dotada de al menos una puerta. La puerta y la cerca serán metálicas.

— Equipo de lucha contra incendios: en el área de almacenamiento se dispondrá de agente extintor compatible con los gases almacenados, con un mínimo de 4 extintores, cada uno con una eficacia mínima de 89B (según UNE 23110). Se situarán en lugares fácilmente accesibles.

d) Categoría 4:

— Utilización: el área de almacenamiento no podrá albergar en su interior otra actividad distinta del almacenamiento de botellas.
— Emplazamiento y construcción: en almacenes en área abierta o cerrada se podrán almacenar botellas llenas de gases inflamables y de otros gases (inertes, oxidantes, tóxicos y corrosivos), siempre que entre las botellas de los inflamables y las del resto de los gases exista una distancia de 6 m como mínimo, o bien estén separadas por un muro de RF-60 de 2 m de altura mínima y 0,5 m por encima de las botellas que sobrepase en proyección horizontal 1,5 m a las botellas almacenadas (fig. 1).
Este muro para almacenes en área cerrada debe estar adosado por un extremo a una pared del local y por el otro sobrepasar 1,5 m la zona de las botellas. Para almacenes en área abierta, dicho muro sobrepasará por ambos lados 1,5 m la zona de ubicación de las botellas (fig. 1).
Este mismo criterio se aplicará para cualquier foco de ignición o fuego abierto.
  - Almacenes en área cerrada: si en el almacén existen botellas de gases inflamables, oxidantes e inertes se observarán en proyección horizontal las distancias siguientes:
    4 m a vía pública.
    8 m a edificios habitados o a terceros.
    8 m a actividades clasificadas de riesgo de incendio y explosión.
    2 m a servicios internos del almacén.
    Si en el almacén existen botellas de amoniaco, otros tóxicos o corrosivos en las cantidades fijadas para esta categoría:
    5 m a vía pública.
    10 m a edificios habitados o a terceros.
    8 m a actividades clasificadas de riesgo de incendio y explosión.
    2 m a servicios internos del almacén.
    Para gases inflamables, oxidantes e inertes las distancias a actividades clasificadas de riesgo de incendio y explosión no serán exigibles, si los muros son continuos sin huecos.

Para las botellas de amoniaco, otros tóxicos o corrosivos no serán asimismo exigibles dichas distancias si, además de la condición indicada en el párrafo anterior, el almacén dispone de detección selectiva y alarma conectada a central de alarmas.
Este tipo de almacenamiento tendrá una altura mínima de 3 m y estará dotado de al menos una puerta con dispositivo antipánico y RF-30.

- Almacenes en área abierta: si en el almacén existen botellas de gases inflamables, oxidantes e inertes se observarán en proyección horizontal las distancias siguientes:
  8 m a vía pública.
  10 m a edificios habitados o a terceros.
  10 m a actividades clasificadas de riesgo de incendio y explosión.
  2 m a servicios internos del almacén.
  Si en el almacén existen botellas de amoniaco, otros tóxicos o corrosivos en las cantidades fijadas en esta categoría:
  8 m a vía pública.
  15 m a edificios habitados o a terceros.
  10 m a actividades clasificadas de riesgo de incendio y explosión.
  2 m a servicios internos del almacén.
  Para gases inflamables, oxidantes e inertes la distancia a actividades clasificadas de riesgo de incendio y explosión no será exigible, si están separados por muros continuos sin huecos de RF-180, altura mínima 2 m y 0,5 m por encima de las botellas y prolongados 2 m en proyección horizontal por sus dos extremos (fig. 3).
  Los almacenes de gases se protegerán con una cerca de altura mínima 2 m que circunde todo el perímetro, dotada al menos de una puerta. La puerta y la cerca serán metálicas.

— Equipo de lucha contra incendios: en el área de almacenamiento se dispondrá de agente extintor compatible con los gases almacenados, con un mínimo de 5 extintores, cada uno con una eficacia mínima de 144B y además se instalarán como mínimo 2 Bocas de Incendios Equipadas (BIE).
La presión dinámica en punta de lanza será como mínimo de 3,5 bar.
Las BIE serán como mínimo de 25 mm de diámetro.
Todos los equipos serán fácilmente accesibles y estarán debidamente señalizados.

e) Categoría 5:

— Utilización: el área de almacenamiento no podrá albergar en su interior otra actividad distinta del almacenamiento de botellas.
— Emplazamiento y construcción: en esta categoría no se admitirán almacenamientos en área semiabierta en el interior de locales.
En almacenes en área abierta o cerrada se podrán almacenar botellas llenas de gases inflamables y de otros gases (inertes, oxidantes, tóxicos y corrosivos) siempre que entre las botellas de los inflamables y las del resto de los gases exista una distancia de 6 m como mínimo, o bien estén separadas por un muro de RF-60 de 2 m de altura mínima y 0,5 m por encima de las botellas que sobrepase en proyección horizontal 2 m a las botellas almacenadas (fig. 1).
Este muro para almacenes en área cerrada debe estar adosado por un extremo a una pared del local y por el otro sobrepasar 2 m la zona de las botellas. Para almacenes en área abierta dicho muro sobrepasará, por ambos lados 2 m, la zona de ubicación de las botellas (fig. 1).
Este mismo criterio se aplicará para cualquier foco de ignición o fuego abierto.

• Almacenes en área cerrada: si en el almacén existen botellas de gases inflamables, oxidantes e inertes se observarán en proyección horizontal las distancias siguientes:
6 m a vía pública.
10 m a edificios habitados o a terceros.
10 m a actividades clasificadas de riesgo de incendio y explosión.
6 m a servicios internos del almacén.
Si en el almacén existen botellas de amoniaco, otros tóxicos o corrosivos en las cantidades fijadas para esta categoría:
6 m a vía pública.
20 m a edificios habitados o a terceros.
10 m a actividades clasificadas de riesgo de incendio y explosión.
6 m a servicios internos del almacén.
Para gases inflamables, oxidantes e inertes, las distancias a actividades clasificadas de riesgo de incendio y explosión no serán exigibles, si los muros son continuos sin huecos.
Para las botellas de amoniaco, otros tóxicos o corrosivos no serán asimismo exigibles dichas distancias si, además de la condición indicada en el párrafo anterior, el almacén dispone de un

habitáculo estanco con sistema de detección selectiva y equipo de absorción y neutralización automáticos.
Este tipo de almacenamiento tendrá una altura mínima de 3 m y estará dotado de al menos dos puertas con dispositivo antipánico y RF-30, si es posible en situación opuesta.

- Almacenes en área abierta: si en el almacén existen botellas de gases inflamables, oxidantes e inertes, se observarán en proyección horizontal las distancias siguientes:
  10 m a vía pública.
  15 m a edificios habitados o a terceros.
  15 m a actividades clasificadas de riesgo de incendio y explosión.
  6 m a servicios internos del almacén.
  Si en el almacén existen botellas de amoniaco, otros tóxicos o corrosivos en las cantidades fijadas en esta categoría:
  10 m a vía pública.
  20 m a edificios habitados o a terceros.
  15 m a actividades clasificadas de riesgo de incendio y explosión.
  6 m a servicios internos del almacén.
  Para gases inflamables, oxidantes e inertes la distancia a actividades clasificadas de riesgo de incendio y explosión, no será exigible, si los muros son continuos de RF-180, altura mínima 2 m y 0,5 m por encima de las botellas y prolongados 2 m en proyección horizontal por sus dos extremos (fig. 3).
  Los almacenes de gases se protegerán con una cerca de altura mínima 2 m que circunde todo el perímetro, dotada de al menos dos puertas, si es posible en situación opuesta. Las puertas y la cerca serán metálicas.

— Equipo de lucha contra incendios: en el área de almacenamiento se dispondrá de una eficacia de extinción de 288B por cada 1.000 Nm^3 de gas inflamable con un mínimo de 5 extintores, cada uno de una eficacia mínima de 144B. El agente extintor será compatible con los gases almacenados.
Además, se instalarán bocas de incendios equipadas (BIE) cuyo número se calculará en base a la siguiente fórmula:

$$n.^{\underline{o}}\,BIE = 2 + \frac{Q - 2.000}{2.000}$$

redondeándose en exceso, siendo Q el número de Nm^3 de gas combustible almacenado.

La presión dinámica en punta de lanza será como mínimo de 3,5 bar.
Las BIE serán como mínimo de 25 mm de diámetro.
Todos los equipos serán fácilmente accesibles y estarán debidamente señalizados.

3. Medidas correctoras:

a) Para gases inflamables, oxidantes e inertes: los condicionantes prescritos para cada categoría podrán reducirse a los de la categoría inmediatamente inferior siempre que se apliquen dos medidas correctoras del nivel 1 o una medida del nivel 2; excepto el paso de la categoría 3 a la 2 que no será posible si el almacén está ubicado en un edificio de viviendas o de uso por terceros.
Características de las medidas:

— Nivel 1.

- Muro cortafuegos de RF-240.
- Sistema fijo de agua pulverizada con accionamiento manual según normas UNE 23500 a UNE 23507.
- Brigada contra incendios propia con formación y prácticas demostrables.
- Sistemas de agua de D.C.I. (red, reserva y medios de bombeo) con capacidad 1,5 veces la de diseño obligado.
- Tener red de D.C.I. las instalaciones que no estén obligadas. Dicha red deberá ser capaz de aportar como mínimo un caudal de 20 m^3/h de agua.
- Normas actualizadas y detalladas sobre procedimientos de operación y seguridad, comunicadas por escrito, de obligado cumplimiento, a los operarios en relación con la operación y el mantenimiento.
- Fichero debidamente señalizado de productos incluyendo riesgos e instrucciones, situado en zona segura (y disponible para bomberos y el personal de la planta), mantenido al día. El fichero incluirá un plano de planta que identifique los almacenamientos y los medios de lucha contra incendios. La existencia y localización de dicho fichero deberá ser comunicado fehacientemente a los bomberos.
- Disponer de BIE en número suficiente para que cada punto de la zona de riesgo esté cubierto por dos BIE, que además estén

ubicadas convenientemente para actuar de forma alternativa en caso de siniestro que pueda afectar a una de ellas.
- Otras de eficacia equivalente que puedan proponerse debidamente justificadas y autorizadas por la Administración competente.

— Nivel 2.

- Sistema fijo contra incendios con detención y accionamiento automático según normas UNE 23501 a UNE 23507.
- Muros cortafuegos de RF-360 y cubiertas de material no combustible.
- Vigilancia permanente.
- Las instalaciones que no estén obligadas, tener red D.C.I. con bomba de presurización automática, abastecimiento exclusivo para este fin y para un mínimo de 1 1/2 horas con caudal mínimo de 50 m^3/h.
- Otras de eficacia equivalente que puedan proponerse debidamente justificadas y autorizadas por la Administración competente.

b) Para amoniaco, otros tóxicos o corrosivos: los condicionantes prescritos para cada categoría, podrán reducirse a los de la categoría inmediatamente inferior, siempre que se apliquen las medidas correctoras eficaces que puedan proponerse, debidamente justificadas y autorizadas por la Administración competente.

Artículo 6. *Transporte.*

Se atendrá a lo dispuesto en la normativa en materia de transporte de mercancías peligrosas.

Artículo 7. *Utilización.*

El usuario es responsable del manejo de las botellas y del buen estado y mantenimiento de los accesorios necesarios para su utilización, así como del correcto empleo del gas que contienen.

Antes de poner en servicio cualquier botella deberá eliminarse todo lo que dificulte su identificación y se leerán las etiquetas y marcas existentes en aquélla.

Si el contenido de una botella no está identificado, deberá devolverse a su proveedor sin utilizarla.

Si existen dudas en cuanto al manejo apropiado de las botellas o de su contenido, deberá consultarse al fabricante o proveedor.

Las botellas deben ser manejadas sólo por personas experimentadas y previamente informadas, debiendo existir en los lugares de utilización las instrucciones oportunas.

Los acoplamientos para la conexión del regulador a la válvula de la botella deben ser los reglamentados en la ITC MIE-AP-7 del Reglamento de Aparatos a Presión.

Las botellas no se situarán, para su uso, en locales subterráneos o en lugares con comunicación directa con sótanos, y en general en todos aquellos donde no exista una ventilación adecuada, excepto cuando se trate únicamente de botellas de aire.

En el recinto de consumo sólo estarán las botellas en uso y las de reserva.

Antes de usar una botella hay que asegurarse que esté bien sujeta para evitar su caída.

El protector (sombrerete, caperuza, etc.) móvil de la válvula debe estar acoplado a la botella hasta el momento de su utilización.

La válvula debe estar siempre cerrada, excepto cuando se emplee el gas, en cuyo momento deberá estar completamente abierta.

Si existe peligro de que la botella pueda contaminarse por retroceso de otros gases o líquidos, deberá disponerse de una válvula o dispositivo de retención adecuado.

En los procesos de combustión en los que se empleen gases inflamables y/o comburentes, debe acoplarse como mínimo a la salida de cada manorreductor, un sistema antirretroceso de llama adecuado a la instalación.

El usuario deberá establecer un plan de mantenimiento preventivo de las instalaciones y de todos los accesorios necesarios para la correcta utilización de los gases contenidos en las botellas.

Todos los equipos, canalizaciones y accesorios (manorreductores, manómetros, válvulas antirretorno, mangueras, sopletes, etc.) deberán ser los adecuados para la presión y el gas a utilizar en cada aplicación.

Hay que asegurarse que los acoplamientos en las conexiones del regulador con la válvula de la botella sean coincidentes. No se forzarán nunca las conexiones que no ajusten bien, ni se utilizarán piezas intermedias, salvo las aprobadas por el fabricante del gas.

El gas contenido en la botella, se utilizará siempre a través de un medio de regulación de presión adecuado.

Los reguladores, medidores, mangueras y otros aparatos destinados a usarse con un gas en particular o un grupo de gases, no deben ser empleados en botellas conteniendo otros gases.

Después de conectar el regulador, y antes de abrir la válvula de la botella, se comprobará que el tornillo de regulación del manorreductor está completamente aflojado. Esta precaución debe asimismo tenerse en cuenta en las interrupciones de trabajo o en el cambio de botella.

La válvula de la botella se abrirá siempre lentamente. La salida de la misma se colocará en sentido contrario a la posición del operador y nunca en dirección a otras personas; no se emplearán otras herramientas diferentes a las facilitadas o aconsejadas por el proveedor. Se evitará el uso de herramientas sobre las válvulas equipadas con volante manual. Si las válvulas presentan dificultad para su apertura o cierre, o están agarrotadas, se pedirán instrucciones al proveedor.

Se evitará la salida de caudales de la botella superiores a los prescritos por el proveedor.

No se emplearán llamas para detectar fugas, debiendo usarse los medios adecuados a cada gas; si existiera una fuga en la válvula se cerrará ésta y se avisará al suministrador.

Si durante el servicio de la botella existe una fuga y ésta no puede contenerse, se tomarán las medidas indicadas por el suministrador. Igual procedimiento se aplicará en el caso de botellas sometidas a fuego, corrosión o con cualquier otro defecto.

Está prohibido, al interrumpir el trabajo de soldadura o corte con llama, colgar el soplete de la botella, así como calentar la botella con éste. No debe ponerse en contacto el portaelectrodos o la pinza de masa de un equipo de soldadura eléctrica con la pared de la botella, ni debe cebarse el arco en ella.

Las botellas no se conectarán nunca a un circuito eléctrico.

Las botellas se mantendrán alejadas de cualquier fuente de calor, hornos, etc.

Se evitará todo contacto de botellas, válvulas, reguladores, mangueras e instalaciones anexas con aceites, grasas y otros productos combustibles, ya que los aceites y ciertos gases como el oxígeno, protóxido de nitrógeno, etc., pueden combinarse, dando lugar a una violenta explosión.

Los protectores de las válvulas no se utilizarán como recipientes para contener sustancia alguna.

Cuando se utilicen gases tóxicos y/o corrosivos, la ventilación se diseñará de modo que no provoque riesgos o incomodidades a terceros.

Antes de desconectar el dispositivo de regulación de las botellas, se cerrará su válvula y se eliminará la presión del dispositivo de regulación. Tan pronto la botella esté vacía se cerrará la válvula y se colocará el protector de la misma.

Se notificará al proveedor de la botella cualquier posible introducción accidental de sustancias extrañas en ella y en la válvula.

Antes de devolver las botellas vacías, se tomarán medidas que aseguren que la válvula está cerrada y que se ha fijado convenientemente el protector.

Se prohibirá fumar durante la manipulación y uso de botellas de gases inflamables y comburentes; a este efecto, se dispondrá de una señalización apropiada.

Se prohíbe terminantemente desmontar las válvulas, dado el peligro que ello implica.

Se prohíbe pasar gases de una botella a otra por personal no cualificado, y nunca en centros sanitarios.

No se emplearán nunca gases comprimidos para limpiar los vestidos o para ventilación personal.

No se emplearán nunca botellas como rodillos, soporte o cualquier otro propósito que no sea el de almacenar gases.

Se prohíbe terminantemente soldar piezas en las botellas, ya que ello elimina totalmente el tratamiento térmico del material de las mismas, creando una zona de gran fragilidad y dando lugar en muchos casos a la aparición de grietas.

No se cambiará ni se quitará cualquier marca, etiqueta o calcomanía empleada para la identificación del contenido de la botella y que haya sido colocada por el proveedor del gas.

El repintado de la botella se realizará únicamente por el fabricante o distribuidor del gas.

No deberán introducirse botellas de cualquier gas en recipientes, hornos, calderas, etc.

Las botellas no deben someterse a bajas temperaturas sin el consentimiento del suministrador.

Se recomienda para la manipulación de botellas el uso de calzado de seguridad y guantes adecuados.

El personal encargado del manejo de gases tóxicos y/o corrosivos, dispondrá de máscaras respiratorias dotadas con filtro específico y/o aparatos autónomos o semiautónomos de respiración. Los equipos se situarán fuera del área contaminable, en lugares próximos y fácilmente accesibles.

Artículo 8. *Comportamiento ante un incendio en un local en el que existan botellas de gases.*

Cuando se produce un incendio en un local donde haya botellas, existe el peligro latente de explosión.

La elevada temperatura que adquiere una botella en contacto directo con un foco de calor, produce en ella un considerable aumento de presión, que puede provocar la explosión de la misma.

Las botellas que contengan gases capaces de activar el fuego no deberán abrirse jamás, cerrando aquellas que estén en servicio.

Siempre que resulte posible deben desalojarse las botellas del lugar del incendio, y si al hacerlo se notara que éstas se han calentado, deben enfriarse mediante una proyección continua de agua pulverizada, a fin de evitar que aumente su presión. En este caso, avisar al suministrador.

En el caso de intervenir el Cuerpo de Bomberos en la extinción de un local en el que existan botellas de gases, se le advertirá de su existencia, situación y cantidad, así como del gas que contienen.

Para el tratamiento de las botellas se seguirá en cada caso las instrucciones específicas del proveedor de gases.

Figura 1: SEPARACION ENTRE BOTELLAS DE GASES INFLAMABLES Y OTROS GASES

A) SIN MURO DE SEPARACION

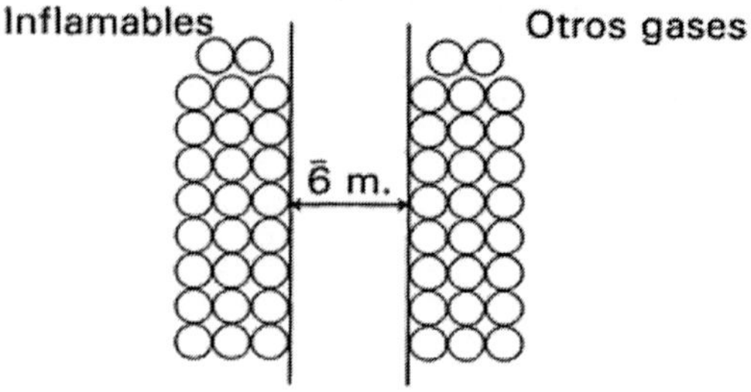

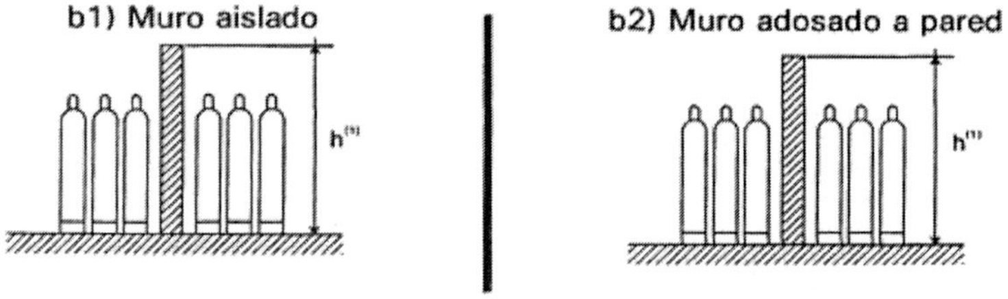

(1) h siempre 0,5 m más alto que las botellas, con un mínimo de 2 m

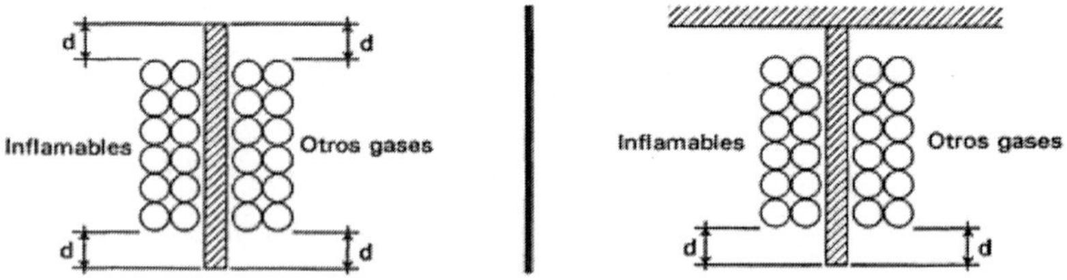

B) CON MURO DE SEPARACION

Clase	d (en m.)	R.F. [2]
1	0,5	30
2	0,5	30
3	1	60
4	1,5	60
5	2	60

(2) Resistencia del muro al fuego en minutos

Figura 2: ZONAS DE PROTECCION

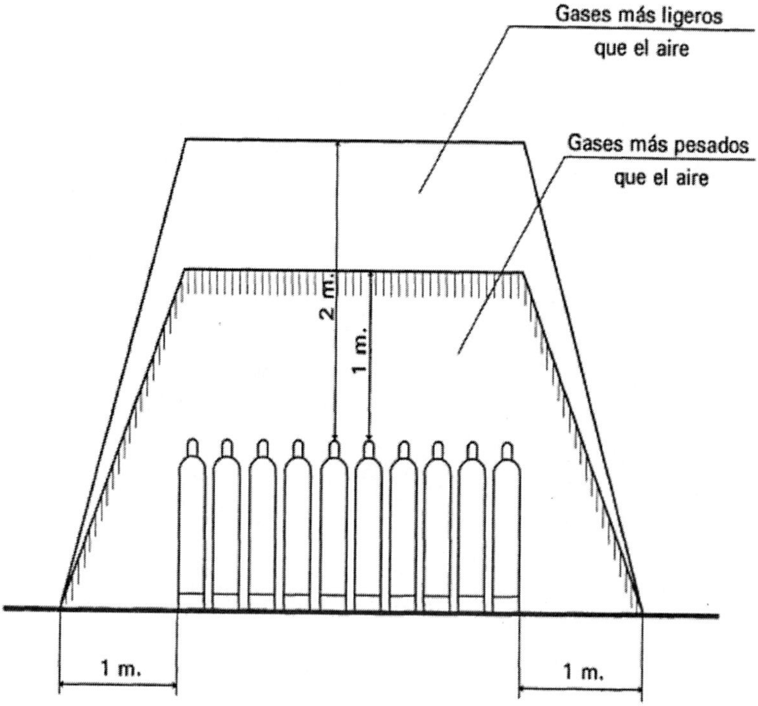

Figura 3: MURO DE SEPARACION

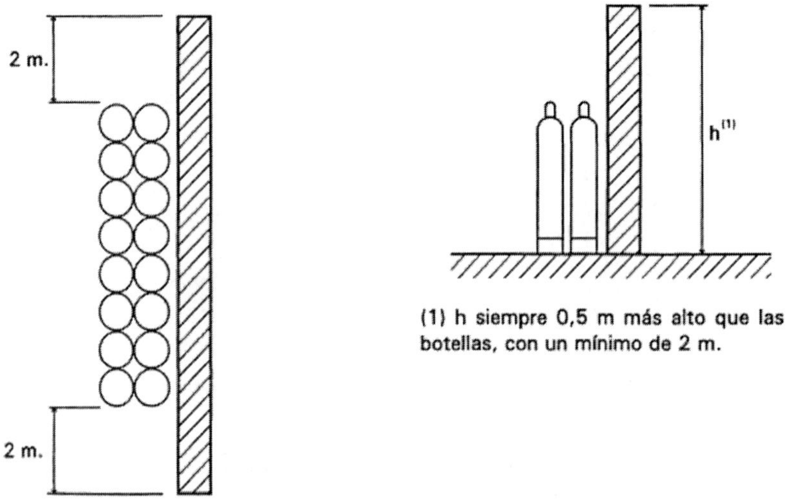

(1) h siempre 0,5 m más alto que las botellas, con un mínimo de 2 m.

RESISTENCIA AL FUEGO DEL MURO: 180 min.

APÉNDICE 1

Tabla de equivalencias entre Nm^3 y Kg

Oxígeno	1 Nm^3 = 1,42 Kg.
Nitrógeno	1 Nm^3 = 1,25 Kg.
Argón	1 Nm^3 = 1,78 Kg.
Acetileno	1 Nm^3 = 1,17 Kg.
Aire	1 Nm^3 = 1,29 Kg.
Hidrógeno	1 Nm^3 = 0,09 Kg.
Anh. Carbónico	1 Nm^3 = 1,97 Kg.
Protóx. Nitr.	1 Nm^3 = 1,98 Kg.
Amoníaco	1 Nm^3 = 0,77 Kg.
Anh. Sulfuroso	1 Nm^3 = 2,92 Kg.
Etileno	1 Nm^3 = 1,26 Kg.
Helio	1 Nm^3 = 0,18 Kg.
Metano	1 Nm^3 = 0,76 Kg.
Monóxido Carbono	1 Nm^3 = 1,25 Kg.
R-12	1 Nm^3 = 5,51 Kg.
R-22	1 Nm^3 = 3,95 Kg.
Óxido de Etileno	1 Nm^3 = 1,83 Kg (*).

Bases medida: a 0 °C y 760 mm Hg.

(*) Referido a 20 °C y 760 mm Hg (punto ebullición 10,7°C).

APÉNDICE 2

Relación de normas de obligado cumplimiento que se citan en esta instrucción técnica complementaria

UNE 23 110-1:1996	Extintores portátiles de incendios. Parte 1: Designación. Duración de funcionamiento. Hogares tipo de las clases A y B.
UNE 23 110-2:1996	Extintores portátiles de incendios. Parte 2: Estanquidad. Ensayo dieléctrico. Ensayo de asentamiento. Disposiciones especiales.
UNE 23 110-3:1994	Extintores portátiles de incendios. Parte 3: Construcción, resistencia a la presión y ensayos mecánicos.
UNE 23 110-4:1996	Extintores portátiles de incendios. Parte 4: Cargas, hogares mínimos exigibles.
UNE 23 110-5:1996	Extintores portátiles de incendios. Parte 5: Especificaciones y ensayos complementarios.
UNE 23 110-6:1996	Extintores portátiles de incendios. Parte 6: Procedimientos para la evaluación de la conformidad de los extintores con la Norma EN 3, partes 1 a 5.
UNE 23 500:1990	Sistemas de abastecimiento de agua contra incendios.
UNE 23 501:1988	Sistemas fijos de agua pulverizada. Generalidades.
UNE 23 502:1986	Sistemas fijos de agua pulverizada. Componentes del sistema.
UNE 23 503:1989	Sistemas fijos de agua pulverizada. Diseño e instalaciones.
UNE 23 504:1986	Sistemas fijos de agua pulverizada. Ensayos de recepción.
UNE 23 505:1986	Sistemas fijos de agua pulverizada. Ensayos periódicos y mantenimiento.
UNE 23 506:1989	Sistemas fijos de agua pulverizada. Planos, especificaciones y cálculos hidráulicos.
UNE 23 507:1989	Sistemas fijos de agua pulverizada. Equipos de detección automática.